QUÍMICA EM TUBOS DE ENSAIO

Blucher

Karl E. Bessler
Amarílis de V. Finageiv Neder

QUÍMICA EM TUBOS DE ENSAIO

Uma abordagem para principiantes

3ª edição

Química em tubos de ensaio: uma abordagem para principiantes
© 2011 Karl E. Bessler
          Amarílis de V. Finageiv Neder
3ª edição – 2018

Editora Edgard Blücher Ltda.

Blucher

Rua Pedroso Alvarenga, 1245, 4º andar
04531-934 – São Paulo – SP – Brasil
Tel.: 55 11 3078-5366
contato@blucher.com.br
www.blucher.com.br

Segundo o Novo Acordo Ortográfico, conforme 5. ed.
do *Vocabulário Ortográfico da Língua Portuguesa*,
Academia Brasileira de Letras, março de 2009.

É proibida a reprodução total ou parcial por quaisquer
meios sem autorização escrita da editora.

Todos os direitos reservados pela
Editora Edgard Blücher Ltda.

Dados Internacionais de Catalogação
na Publicação (CIP)
Angélica Ilaqua CRB-8/7057

Bessler, Karl E.
  Química em tubos de ensaio : uma abordagem
para principiantes / Karl E. Bessler, Amarílis de
V. Finageiv Neder – 3. ed. – São Paulo : Blucher, 2018.
  216 p. : il.

ISBN 978-85-212-1310-9

1. Química 2. Química - Experiências 3. Química -
Manuais de laboratório I. Título. II. Neder, Amarílis de V.
Finageiv.

18-0458   CDD 540.724

Índice para catálogo sistemático:
1. Química - Experiências

PREFÁCIO

A elaboração deste livro foi norteada pela observação de que a maioria dos calouros do curso de química, da Universidade de Brasília, teve no ensino médio pouca ou nenhuma oportunidade de realizar experimentos químicos com as próprias mãos. Por outro lado, constatamos uma certa carência em textos de química oferecendo experimentos que pudessem ser executados facilmente por pessoas pouco experientes, de forma segura e econômica, em laboratórios de ensino com infraestrutura e recursos limitados.

Visando atender a essa aparente demanda, apresentamos uma coletânea de 25 roteiros experimentais, com mais de cem experimentos, destinados a alunos que estejam cursando disciplinas de Química Experimental no ensino médio ou no primeiro ano universitário.

Todos os roteiros foram testados em condições reais com várias turmas das disciplinas Química Fundamental Experimental e Introdução à Química Experimental do primeiro semestre dos cursos de bacharelado e licenciatura em química na Universidade de Brasília, durante os anos 1996-1998. Nessa ocasião, a maioria dos alunos qualificou o nível intelectual e técnico dos roteiros como adequado, atestando que a realização dos experimentos incentivou o seu interesse pelo estudo de química e contribuiu para uma melhor compreensão do assunto tratado.

A temática dos roteiros

Na escolha da temática dos roteiros, tentamos levar em consideração os mais diversos aspectos da química, contemplando as mais variadas classes de substância e incluindo materiais do cotidiano como objetos de estudo. Em princípio, os roteiros são independentes entre si, mas podem ser agrupados em quatro categorias:

a) estudo de princípios químicos básicos;
b) estudo de propriedades físicas e químicas de substâncias;
c) estudo analítico de materiais;
d) síntese de substâncias e materiais.

Nossos objetivos

O principal objetivo da nossa abordagem é apoiar a aprendizagem de princípios fundamentais da química mediante a observação e interpretação de fenômenos químicos. Estamos cientes da complexidade de alguns fenômenos e da eventual precocidade em introduzi-los, todavia acreditamos que a simples observação, acompanhada de questionamentos, desperta a curiosidade científica e justifica a necessidade de se estudarem as diversas áreas da química e outros ramos do conhecimento como física, matemática, biologia. Sendo assim, a interpretação dos experimentos pode ser limitada a uma explicação condizente com o nível acadêmico da turma.

Para facilitar a realização dos experimentos por alunos inexperientes, evitamos maior sofisticação técnica. A maioria dos experimentos é realizada em tubos de ensaio, de maneira que o aluno possa criar e perceber os fenômenos químicos com facilidade, direcionando sua atenção prioritariamente para o fundamento do experimento. Equipamentos e instrumentos de medição são restritos a alguns itens simples, uma vez que o objetivo não é a aprendizagem de técnicas. Defendemos a tese de que o valor didático de um experimento químico não depende necessariamente do seu grau de sofisticação técnica ou instrumental.

Economia e simplicidade, com segurança

Na elaboração dos roteiros respeitamos o princípio da economia, com o objetivo de facilitar a realização dos experimentos em escolas com escassez de recursos. Quando possível, utilizamos materiais e reagentes simples ou triviais, que podem ser facilmente encontrados no mercado, evitando a dependência de reagentes importados. Em quase todos os experimentos podem ser utilizados reagentes de pureza técnica, que são muito mais baratos que aqueles de pureza analítica. Reduzimos o consumo de reagentes a um mínimo necessário e, em alguns casos, são utilizadas apenas algumas gotas de soluções diluídas dos reagentes. Recomendamos disponibilizar as soluções em pequenos frascos (25-50 mL) de polietileno com bico conta-gotas. Instrumentos de medição são restritos a peças indispensáveis, como provetas, pipetas, buretas, termômetros, cronômetros e voltímetros. Dispensamos quase totalmente equipamentos dispendiosos, exceto balança, estufa, chapa de aquecimento elétrico, banho-maria e, eventualmente, fonte de tensão elétrica.

Segurança

Dedicamos muita atenção aos aspectos da segurança (veja o capítulo "INSTRUÇÕES DE SEGURANÇA"). De um modo geral, a utilização de pequenas quantidades de reagentes contribui para a execução mais segura dos experimentos, além de minimizar a quantidade de resíduos e rejeitos. Tentamos evitar ou minimizar o uso de reagentes perigosos, como ácidos e bases concentrados. Solventes inflamáveis somente são usados em quantidades de alguns mililitros. Os solventes tóxicos benzeno, clorofórmio e n-hexano foram substituídos por tolueno, diclorometano e n-heptano ou ciclo-hexano, respectivamente. No entanto, cabe ressaltar que a existência de capelas de exaustão no laboratório é indispensável.

Descarte de resíduos

Embora as quantidades dos resíduos potencialmente perigosos produzidos em nossos experimentos não possam criar maiores danos ao meio ambiente, julgamos oportuno incluir informações sobre o descarte de resíduos (tratamento, desativação, coleta, remoção e destino final) em todos os roteiros, contribuindo dessa maneira para o processo educativo de conscientização ambiental.

Recomendamos que sejam disponibilizados no laboratório recipientes adequados e devidamente identificados para a coleta dos seguintes tipos de resíduos químicos:

a) sólidos inorgânicos (sulfato de bário, sulfato de chumbo etc.);
b) solventes orgânicos contendo apenas C, H e O (metanol, etanol, acetona, hexano, tolueno etc.);
c) solventes orgânicos clorados (diclorometano, clorobenzeno etc.).

Também devem ser estabelecidos mecanismos para a remoção e descarte final desses resíduos.

Em três roteiros ("Reatividade de metais", "Migração de íons em um campo elétrico" e "Estudo da velocidade de reações químicas"), empregamos quantidades mínimas de compostos de mercúrio ($HgCl_2$ e HgI_2). Apesar da alta toxicidade dos compostos de mercúrio, as quantidades utilizadas e os correspondentes resíduos gerados não representam qualquer ameaça à saúde dos usuários ou ao meio ambiente. Todavia, solicitamos ao professor que instrua adequadamente o técnico responsável quanto ao preparo de soluções de compostos de alta periculosidade.

Em alguns roteiros orientamos que os resíduos gerados durante o experimento sejam jogados na pia, após abundante diluição. Tal recomendação é feita nos casos em que as características toxicológicas dos resíduos não impõem medidas preventivas, pois não representam risco ambiental apreciável.

Concentrações das soluções empregadas

De modo geral, as concentrações das soluções indicadas nos roteiros referem-se a valores aproximados. Portanto, não há necessidade de preparar essas soluções com alto grau de precisão, exceto no roteiro "Estudo da velocidade de reações químicas", no qual as concentrações indicadas devem ser obedecidas com a maior precisão possível.

Para facilitar o preparo das soluções, as concentrações geralmente são indicadas em unidades de massa do soluto sólido por volume da solução (gramas por litro), exceto quando especificadas de outra forma. Por exemplo, no caso das substâncias comercializadas em forma de soluções concentradas (veja o anexo 1), indicamos a proporção de diluição com água para obter as concentrações adequadas nos respectivos experimentos.

Responsabilidade do professor

Em princípio, os experimentos são destinados a pessoas com pouca experiência em laboratório químico. Todavia, são práticas orientadas que precisam da participação do professor na fase de introdução, de execução dos experimentos e de discussão e interpretação dos resultados obtidos.

Todos os roteiros contêm um texto introdutório com a finalidade de fornecer apenas informações básicas sobre a respectiva matéria, indispensáveis para um melhor entendimento dos experimentos a serem executados e para a elaboração de relatórios. Recomendamos que os alunos leiam esses textos antes do início das aulas. É evidente que essas introduções não dispensam a leitura de capítulos correspondentes em livros de nível básico em Química Geral, Química Inorgânica ou Química Orgânica.

A parte essencial dos roteiros consiste em instruções detalhadas sobre os procedimentos experimentais. Cada roteiro oferece um conjunto de experimentos versando sobre determinada temática, correspondente a um mínimo de 2 horas de aulas. Cabe ao professor responsável escolher os experimentos a serem executados, conforme o tempo estipulado para a sessão de laboratório, ou de acordo com os materiais e reagentes disponíveis.

> Todas as informações destinadas ao professor ou instrutor (relação de materiais e reagentes a serem utilizados em cada experimento, instruções para preparação de soluções ou confecção de eventuais materiais auxiliares) encontram-se destacados em fundo cinza claro.

> Advertências e instruções referentes a segurança encontram-se destacadas em fundo cinza escuro.

Ao final de cada experimento (ou grupo de experimentos) apresentamos algumas questões com o objetivo de estimular a leitura de textos, correlacionar fatos observados e conduzir à expressão de fenômenos observados em linguagem química (quando possível em fórmulas e equações químicas). Uma parte da interpretação e discussão dos resultados obtidos pode ser realizada ainda no laboratório, com o auxílio do professor.

Agradecimentos

Ao CNPq, pela concessão de bolsas de Iniciação Científica.

Aos professores Edgardo Garcia e José Alves Dias, pelas valiosas sugestões e revisão crítica de vários roteiros e a todos os outros professores do Instituto de Química da UnB que deram contribuições para o melhoramento dos experimentos.

Aos alunos Carlos Alberto Miranda Abella, Daniel de Oliveira Campos, Gabriel W. Costa, Leonardo Viana, Lincoln Lucílio Romualdo, Marcelo Henrique de Sousa, Marcelo Parise, Marcos Maciel de Almeida e Odemir de Araújo Filho, pela participação na elaboração dos experimentos.

Aos alunos que, em atividades de monitoria, contribuíram para o sucesso dos experimentos na fase de teste.

Aos funcionários auxiliares de laboratório, pela colaboração na realização das práticas.

Aos tantos alunos calouros dos cursos de bacharelado e licenciatura em química da UnB que cursaram as disciplinas Química Fundamental Experimental e Introdução à Química Experimental nos anos de 1996 a 1998, por terem participado deste trabalho como "cobaias", possibilitando o aperfeiçoamento dos roteiros.

Brasília, outubro de 2002
os autores

CONTEÚDO

Instruções de segurança, XI

Principais materiais e equipamentos utilizados no laboratório químico, XVII

1. Dissociação eletrolítica e condutividade elétrica, 1
2. Migração de íons em um campo elétrico, 8
3. Estudo qualitativo de equilíbrios químicos, 13
4. Estudo de termoquímica: processos exotérmicos e endotérmicos, 19
5. Estudo da velocidade de reações químicas, 30
6. Estudo de catálise: decomposição catalítica de peróxido de hidrogênio, 35
7. Estudo de ácidos e bases em meio aquoso, 42
8. Estudo de reações de oxidação-redução em meio aquoso, 49
9. Oxigênio e combustão, 56
10. Pilhas eletroquímicas, 69
11. Processos eletrolíticos, 80
12. Reatividade de metais, 88
13. Estudo de um não metal: enxofre, 94
14. Estudo de propriedades físicas de líquidos, parte I: densidade, miscibilidade e viscosidade, 102
15. Estudo de propriedades físicas de líquidos, parte II: tensão superficial, capilaridade e índice de refração, 113
16. Cromatografia em camada delgada, 123
17. Identificação de polímeros sintéticos, 130
18. Análise de bebidas, 138
19. Estudo de detergentes, 146
20. Síntese orgânica, 157
21. Aromas e fragrâncias, 164
22. Síntese de polímeros: poliéster (gliptal) e poliamida (náilon 6,6), 169
23. Síntese de corantes e tingimento de tecidos, 175
24. Síntese de compostos inorgânicos, 183
25. Pigmentos inorgânicos, 190

INSTRUÇÕES DE SEGURANÇA

OBSERVAÇÕES GERAIS

O laboratório é um dos principais locais de trabalho do químico. Existe um certo risco associado ao trabalho em laboratórios químicos de um modo geral, uma vez que as pessoas ficam mais frequentemente expostas a situações potencialmente perigosas. É dever do químico, como profissional, zelar pela saúde ocupacional no laboratório, isto é, pela manutenção da boa qualidade de vida das pessoas no seu ambiente de trabalho. Para tanto, o químico deve planejar o seu trabalho diário, com o intuito de reduzir ao máximo os riscos de acidentes.

Os principais acidentes em laboratórios de química devem-se a ferimentos causados pela quebra de peças de vidro ou por contato com substâncias cáusticas, incêndios com líquidos inflamáveis ou, eventualmente, explosões. Em caso de acidente, o químico deve saber proceder adequadamente, a fim de minimizar suas consequências.

O químico deve sempre procurar conhecer as propriedades toxicológicas das substâncias com que trabalha, em termos agudos e crônicos e, caso essas propriedades sejam desconhecidas, deve tomar os cuidados necessários para evitar eventuais intoxicações. Dentro dos limites do bom-senso, o químico, ao trabalhar no laboratório, deve considerar toda substância como potencialmente perigosa e evitar contatos diretos seja por inalação, ingestão ou absorção dérmica.

Além da redução dos riscos de acidentes e intoxicação, o químico deve estar atento para a possibilidade de ocorrência de contaminações em suas experiências por substâncias que possam interferir nos resultados. Dessa forma, o químico deve envidar todos os esforços para manter seu ambiente de trabalho, bancadas, vidrarias, utensílios, equipamentos e vestuário rigorosamente limpos de substâncias passíveis de causar interferências.

Sempre que possível, o químico deve escolher procedimentos experimentais que evitem ou minimizem a geração de substâncias potencialmente danosas ao meio ambiente, contribuindo para a preservação da saúde ambiental do nosso planeta. Ao final das experiências, o químico deve se preocupar em como proceder à destinação adequada e ao descarte final dos eventuais resíduos gerados.

Nesse contexto, regras elementares de segurança e conduta devem ser observadas no trabalho de laboratório, a fim de preservar a saúde ocupacional e ambiental, e reduzir os riscos de acidentes tais como: cortes por manejo inadequado de vidraria, espalhamento de substâncias corrosivas ou cáusticas, inalação de gases ou vapores nocivos, absorção oral ou dérmica de substâncias, incêndios e explosões.

Em suma, a segurança na condução de trabalhos de laboratório pode ser descrita pela seguinte expressão:

> Segurança = bom-senso + cuidados específicos.

REGRAS GERAIS DE SEGURANÇA E CONDUTA NO LABORATÓRIO QUÍMICO

1. Trabalhe sempre com *atenção, calma* e *prudência*.
2. Verifique o local e o funcionamento dos *dispositivos de segurança* no laboratório (extintores de incêndio, chuveiros de emergência, cobertor etc.).
3. Vista roupa e calçados adequados e use *óculos de segurança*. Se tiver cabelos compridos, mantenha-os presos atrás da cabeça.
4. Leia com atenção os roteiros das experiências a serem realizadas.
5. Realize somente experimentos autorizados pelo professor responsável.
6. Todas as substâncias, de certo modo, podem ser nocivas ou perigosas; portanto devem ser tratadas com *cautela e respeito*. Evite o contato direto com as substâncias.
7. Lave as mãos após eventual contato com as substâncias e ao sair do laboratório.
8. Não coma, não beba e não fume dentro do laboratório.
9. Mantenha sua bancada de trabalho organizada e limpa.
10. Utilize somente reagentes disponíveis na sua bancada de trabalho ou aqueles eventualmente fornecidos pelo instrutor.
11. Não utilize reagentes de identidade desconhecida ou duvidosa.
12. Não despeje substâncias indiscriminadamente na pia. Informe-se sobre o correto procedimento de destinação ou descarte.
13. Não jogue na pia papéis, palitos de fósforo ou outros materiais que possam provocar entupimento.
14. Trabalhos que envolvem a utilização ou formação de gases, vapores ou poeiras nocivos devem ser realizados dentro de uma *capela de exaustão*.
15. Trabalhos que envolvem *substâncias inflamáveis* (geralmente solventes diversos) exigem cuidados específicos.
16. Tenha cuidado com o manuseio de vidraria. O vidro é *frágil* e fragmentos de peças quebradas podem causar ferimentos sérios.
17. Nunca olhe diretamente para dentro de um tubo de ensaio ou outro recipiente onde esteja ocorrendo uma reação, pois o conteúdo pode espirrar nos seus olhos.

18. Ao aquecer um tubo de ensaio, não volte a boca deste para si ou para uma pessoa próxima.
19. Nunca realize reações químicas nem aqueça substâncias em recipientes fechados.
20. Tenha cuidado com a utilização de bicos de gás. Não os deixe acesos desnecessariamente. *O perigo de incêndio é real!*
21. Evite vazamentos de gás; feche a torneira e o registro geral ao final do trabalho.
22. Tenha cuidado com o uso de *equipamentos elétricos*. Verifique sua voltagem *antes* de conectá-los. Observe os mecanismos de controle, especialmente para elementos de aquecimento (chapas, mantas, banhos, fornos, estufas etc.).
23. Comunique imediatamente ao professor responsável qualquer acidente ocorrido durante a execução dos trabalhos de laboratório.

RELAÇÃO DE SUBSTÂNCIAS E MISTURAS PERIGOSAS

A relação apresentada a seguir não é completa, obviamente, limitando-se à indicação das substâncias perigosas mais utilizadas em laboratórios químicos.

Solventes inflamáveis

- Muitos solventes usados no laboratório químico, como acetona, benzeno, etanol, éter etílico, éter de petróleo, hexano, metanol, tolueno etc., são inflamáveis.
- Regras gerais de segurança em trabalhos que envolvem o uso de solventes inflamáveis:
    1. Não fume no laboratório.
    2. Não acenda fósforos ou isqueiros próximo a recipientes que contenham solventes inflamáveis.
    3. Realize a transferência de solventes a uma distância segura de qualquer chama aberta (bico de Bunsen); quando possível, realize essa operação dentro de uma capela.
    4. Após retirar a quantidade necessária de solvente, feche bem a garrafa de reserva e guarde-a em lugar adequado.
    5. O aquecimento de solventes inflamáveis (em operações de refluxo, destilação, extração, evaporação etc.) deve ser efetuado com métodos adequados, como banho de água ou banho de óleo; evite o uso de chama aberta ou chapa elétrica direta.

- Em caso de incêndio com solventes, tome as seguintes providências:
    1. Em casos de incêndio em pequena quantidade de solvente, tente abafar as chamas cobrindo-as com um material não inflamável (areia, amianto etc.) e procure um extintor de incêndio adequado (gás carbônico ou pó químico); água não é recomendável para apagar incêndios com solventes.

2. Caso não consiga acabar com o incêndio, afaste-se imediatamente do laboratório.
3. As demais providências devem ser tomadas pelo professor ou instrutor responsável (por exemplo, chamar o corpo de bombeiros, desligar os equipamentos elétricos mediante o interruptor geral, fechar o registro geral de abastecimento de gás).
4. Se a roupa de uma pessoa pegar fogo, deite-a no chão e cubra as chamas com um cobertor adequado, ou acione o chuveiro de emergência.
5. Em caso de queimaduras, procure imediatamente atendimento médico (não tente medicar as queimaduras por conta própria).

Gases e vapores nocivos

Trabalhos que envolvem a utilização, produção, desprendimento ou emissão de poeiras, vapores ou gases tóxicos ou agressivos, devem ser realizados sempre dentro de uma capela de exaustão!

Gases ou vapores tóxicos nem sempre apresentam odor forte ou repugnante. Por exemplo, o monóxido de carbono, um gás altamente tóxico, é inodoro, já o tetracloreto de carbono, um líquido volátil muito tóxico, apresenta odor agradável.

A relação que se segue apresenta alguns gases e vapores nocivos:

- Amoníaco ou amônia (NH_3), gás irritante e agressivo.
- Benzeno (C_6H_6), líquido volátil (p.e. 80 °C), muito tóxico.
- Brometo de hidrogênio (HBr), gás irritante e agressivo.
- Bromo (Br_2), líquido volátil (p.e. 59 °C), irritante e agressivo.
- Cloreto de hidrogênio (HCl), gás irritante e agressivo.
- Cloro (Cl_2), gás muito tóxico, irritante e agressivo.
- Clorofórmio ou triclorometano ($CHCl_3$), líquido volátil (p.e. 62 °C), tóxico.
- Diclorometano (CH_2Cl_2), líquido volátil (p.e. 40 °C), tóxico.
- Dióxido de enxofre (SO_2), gás muito tóxico e irritante.
- Dióxido de nitrogênio (NO_2), gás muito tóxico e irritante.
- Formaldeído (CH_2O), gás muito tóxico e irritante.
- n-Hexano (C_6H_{14}), líquido volátil (p.e. 69 °C), tóxico.
- Metanol (CH_3OH), líquido volátil (p.e. 65 °C), tóxico.
- Monóxido de carbono (CO), gás inodoro, muito tóxico.
- Monóxido de nitrogênio (NO), gás tóxico.
- Sulfeto de hidrogênio (H_2S), gás muito tóxico de odor desagradável.
- Tetracloreto de carbono ou tetraclorometano (CCl_4), líquido volátil (p.e. 77 °C), muito tóxico.

Substâncias cáusticas

Muitas substâncias são cáusticas e podem causar ferimentos, deixando graves sequelas na pele ou nos olhos. Portanto, o contato com a pele deve ser terminantemente evitado.

Seguem-se alguns exemplos de substâncias muito cáusticas.

1. Todos os *ácidos concentrados*, especialmente fluorídrico, perclórico, sulfúrico, sulfocrômico, clorídrico, nítrico e outros.
2. Todas as *bases concentradas*, como hidróxido de sódio ou de potássio, carbonato de sódio ou de potássio, amônia, aminas e outras.
3. *Oxidantes fortes concentrados*, como peróxido de hidrogênio (água oxigenada) e outros.
4. Outras substâncias cáusticas: bromo, metais alcalinos, pentóxido de fósforo, formaldeído e fenol.

Substâncias explosivas

Certas substâncias, como *hidrazina*, *hidroxilamina* e certos *peróxidos*, podem sofrer decomposição espontânea de forma explosiva, induzida por aquecimento, catalisadores ou um simples toque mecânico. Tais substâncias não devem ser utilizadas ou produzidas em forma pura ou concentrada em laboratórios de ensino.

Misturas explosivas de gases e vapores combustíveis

Todos os gases combustíveis, como *gás liquefeito de petróleo* (GLP), *hidrogênio*, *metano*, *monóxido de carbono*, *propano*, *sulfeto de hidrogênio*, assim como vapores de líquidos inflamáveis, podem formar misturas explosivas com oxigênio.

Reações químicas violentas

Certas reações químicas exotérmicas podem ocorrer de forma violenta ou até explosiva, caso sejam realizadas com substâncias concentradas e sem as devidas precauções.

1. Reações de neutralização *entre ácidos e bases concentrados*.
2. Reações de substâncias oxidáveis (compostos orgânicos em geral, metais em pó, enxofre e fósforo elementar) com oxidantes fortes, tais como:
    - ácido nítrico e nitratos;
    - ácido perclórico e percloratos;
    - ácido sulfúrico concentrado;
    - cloratos;
    - cromatos e dicromatos;
    - permanganatos;
    - peróxido de hidrogênio e outros peróxidos.

3. Certas substâncias reagem violentamente com água:
   - Sódio e potássio metálicos (reação com evolução de hidrogênio com perigo de incêndio).
   - Ácido sulfúrico concentrado (reação muito exotérmica com eventual respingamento de ácido).

Orientações para mistura segura de substâncias:
- *Nunca* misture ácidos concentrados com bases concentradas!
- *Nunca* misture oxidantes fortes com substâncias oxidáveis!
- Para diluir ácido sulfúrico concentrado, *nunca* adicione água ao ácido concentrado; mas faça o contrário: acrescente o ácido lentamente à água, sob agitação!

BIBLIOGRAFIA

Informações detalhadas sobre substâncias perigosas podem ser encontradas nas seguintes obras:

1. *The Merck Index - an Encyclopedia of Chemicals, Drugs and Biologicals.* Merck & Co. Inc., 11. ed., 1989.
2. Sittig, M. *Handbook of Toxic and Hazardous Chemicals and Carcinogens.* 2. ed., Park Ridge: Noyes Publications, 1985.
3. Weiss, G. *Hazardous Chemicals Data Book.* Park Ridge: Noyes Data Corporation, 1986.

PRINCIPAIS MATERIAIS E EQUIPAMENTOS UTILIZADOS NO LABORATÓRIO QUÍMICO

O químico trabalha no laboratório com utensílios e equipamentos feitos dos mais diversos materiais: vidro, metal, cerâmica, plástico. Cada material tem suas limitações físicas e químicas, e cada utensílio de laboratório tem uma certa finalidade. O uso inadequado de utensílios no laboratório, desrespeitando suas peculiaridades, pode resultar não somente num fracasso do experimento com perda parcial ou total do material, mas também em acidentes desagradáveis com danos pessoais.

VIDRARIA

O material mais utilizado em laboratórios químicos é o vidro. O vidro comum é basicamente um silicato sintético de cálcio e de sódio em estado não cristalino (estado vítreo), obtido por fusão de uma mistura de sílica (SiO_2), carbonato de sódio (Na_2CO_3) e carbonato de cálcio ($CaCO_3$) em proporções variáveis. Já o vidro usado no laboratório (borossilicato) contém alguns outros componentes (óxidos de boro e de alumínio) que proporcionam maior resistência química, mecânica e térmica. Um vidro de composição parecida é o chamado vidro pirex, de uso doméstico.

As propriedades mais apreciadas do vidro são as seguintes:

- transparência perfeita, o que facilita a observação através das paredes dos recipientes;
- boa resistência química, sendo corroído apenas por ácido fluorídrico e bases concentradas;
- resistência térmica razoável, até 300 °C;

O vidro tem as seguintes limitações de utilidade:

- fragilidade (sensível a impacto mecânico);
- sensibilidade a choques térmicos;
- deformação, amolecimento ou derretimento a temperaturas mais elevadas (acima de 400 °C).

PRINCIPAIS PEÇAS DE VIDRO UTILIZADAS EM NOSSOS EXPERIMENTOS

- Tubos de ensaio de diversos tamanhos
- Pipetas comuns sem aferição, tipo conta-gotas (pipetas de Pasteur)
- Béqueres de dimensões variadas
- Frascos de Erlenmeyer: sua forma peculiar facilita a agitação do conteúdo
- Funís para filtração ou adição
- Placas de Petri
- Vidros de relógio
- Tubos de vidro de diversos diâmetros
- Bastões de vidro
- Frascos de diversas formas e tamanhos para estocagem de substâncias sólidas ou líquidas e soluções
- Provetas graduadas: instrumentos volumétricos (de 10 a 500 mL), destinados exclusivamente à medição de volumes de líquidos
- Pipetas graduadas: instrumentos volumétricos (de 1 até 50 mL), destinados exclusivamente à medição de volumes de líquidos com maior precisão que as provetas
- Termômetros: destinados exclusivamente à medição de temperaturas (escala de –10 a 300 °C) e não para agitar misturas. Na eventual quebra de um termômetro o mercúrio deve ser cuidadosamente recolhido, devido à sua toxicidade.

MATERIAIS PLÁSTICOS

Alguns utensílios de laboratório podem ser feitos de materiais plásticos como, por exemplo, polietileno ou polipropileno, que possuem as seguintes propriedades:

- elasticidade (não quebra);
- boa resistência química contra soluções aquosas de diversos agentes químicos, inclusive ácido fluorídrico;
- polietileno e polipropileno são sensíveis a solventes orgânicos aquecidos, tais como benzeno ou tolueno, sofrendo dissolução parcial;
- transparência limitada;
- sensibilidade térmica (polietileno e polipropileno começam a sofrer deformações acima de 120 °C). Portanto, os materiais plásticos não devem ser aquecidos nem colocados na estufa de secagem a temperaturas acima de 110 °C;
- a maioria dos materiais plásticos é combustível.

PRINCIPAIS PEÇAS DE PLÁSTICO UTILIZADAS EM NOSSOS EXPERIMENTOS

- Frascos para deposição de água destilada
- Frascos conta-gotas para deposição de pequenos volumes de líquidos e soluções
- Provetas graduadas
- Funis
- Mangueiras.

MATERIAIS REFRATÁRIOS

São materiais que resistem a temperaturas elevadas (acima de 400 °C). O material refratário mais utilizado no laboratório químico é a porcelana, além de outros materiais cerâmicos. O material cerâmico é frágil!

Os principais objetos de porcelana utilizados no laboratório químico são:

- cadinhos - pequenos recipientes para uso em altas temperaturas (fusão, calcinação);
- cápsulas - recipientes com abertura mais larga do que os cadinhos para uso em altas temperaturas (evaporação, secagem);
- almofariz ou gral com pistilo – recipiente de parede grossa e de tamanho variado, destinado exclusivamente para triturar ou pulverizar substâncias sólidas.

FERRAGENS MAIS COMUNS

De modo geral, os metais comuns são facilmente corroídos por diversos agentes químicos, principalmente pelos ácidos. Portanto deve-se evitar o contato dos objetos metálicos com ácidos e outros agentes oxidantes ou corrosivos.

Os principais utensílios metálicos de laboratório são:

- espátulas de aço – para dosagem de pequenas quantidades de substâncias sólidas;
- bicos de Bunsen – para aquecimento;
- tripés de ferro com tela de amianto – suporte para aquecimento sobre bico de Bunsen;
- pinças de aço – para prender objetos quentes;
- suportes com haste e sistema adequado de mufas e garras – para montagem de equipamentos diversos.

EQUIPAMENTOS BÁSICOS UTILIZADOS EM NOSSOS EXPERIMENTOS

- Chapas elétricas: para aquecimento
- Banho-maria elétrico: para aquecimento até 100 °C
- Estufa elétrica: para secagem de materiais até 150 °C
- Balanças de laboratório: para pesagem de objetos e substâncias
- Fontes de tensão elétrica: até 30 V, contínua e alternada
- Voltímetros.

ROTEIRO 1

DISSOCIAÇÃO ELETROLÍTICA E CONDUTIVIDADE ELÉTRICA

OBJETIVOS

- Demonstrar a dissociação eletrolítica mediante a observação da condutividade elétrica de líquidos puros e de soluções.
- Distinguir eletrólitos fortes, eletrólitos fracos e não eletrólitos.

INTRODUÇÃO

[Veja também o Roteiro 2, "Migração de íons em um campo elétrico".]

Certas substâncias denominadas *eletrólitos* dissociam-se em meio aquoso, formando espécies iônicas: *cátions* (portadores de cargas positivas) e *ânions* (portadores de cargas negativas). As soluções dos eletrólitos apresentam condutividade elétrica. A corrente elétrica dessas soluções é estabelecida pelo deslocamento dos íons sob ação de um potencial elétrico: os cátions migram em direção ao eletrodo negativo (cátodo) e os ânions em direção ao eletrodo positivo (ânodo).

A natureza do *solvente* desempenha uma função importante na dissociação dos eletrólitos. Líquidos com elevada *constante dielétrica* (ε) favorecem a dissociação iônica pela redução da energia de dissociação. A água possui uma das mais altas constantes dielétricas ($\varepsilon = 78$ a $25\,°C$) e, portanto, é um excelente solvente para eletrólitos.

A condutividade de uma solução de um eletrólito depende de sua concentração, de seu grau de ionização, das mobilidades dos íons formados e da natureza do solvente. A elevação da temperatura implica em um aumento do grau de ionização e da mobilidade dos íons; consequentemente aumenta a condutividade elétrica da solução.

Substâncias que se encontram consideravelmente ionizadas em solução aquosa são chamadas de *eletrólitos fortes*. A maioria dos sais e os ácidos fortes pertencem a essa categoria.

Exemplos:

Cloreto de cálcio	CaCl$_{2(s)}$	⟶	Ca$^{2+}_{(aq)}$ cátion cálcio	+ 2Cl$^-_{(aq)}$ ânions cloreto
Nitrato de potássio	KNO$_{3(s)}$	⟶	K$^+_{(aq)}$ cátion potássio	+ NO$_3^-{}_{(aq)}$ ânion nitrato
Cloreto de hidrogênio	HCl$_{(g)}$ + H$_2$O$_{(l)}$	⟶	H$_3$O$^+_{(aq)}$ cátion hidrônio	+ Cl$^-_{(aq)}$ ânion cloreto

Substâncias que se encontram apenas fracamente ionizadas em solução aquosa chamam-se *eletrólitos fracos*. Ácidos e bases fracos pertencem a essa categoria.

Exemplos:

Ácido acético	CH$_3$COOH + H$_2$O	⇌	H$_3$O$^+_{(aq)}$ cátion hidrônio	+ CH$_3$COO$^-_{(aq)}$ ânion acetato
Amônia	NH$_3$ + H$_2$O	⇌	NH$_4^+{}_{(aq)}$ cátion amônio	+ OH$^-_{(aq)}$ ânion hidróxido

Observe que, no caso dos ácidos e bases, as espécies iônicas não se formam por dissociação simples, mas por transferência de prótons com as moléculas da água.

LEITURA RECOMENDADA

Química Geral: dissociação eletrolítica, eletrólitos fortes e fracos, condutividade de soluções.

PARTE EXPERIMENTAL

Material de uso geral

- Béqueres de 50 ou de 100 mL
- Fonte de tensão elétrica (de preferência alternada) de aproximadamente 15 V
- Lâmpada de filamento de 12 V, com soquete
- Fios e conexões para montagem do circuito elétrico
- Amperímetro, na faixa de 0,05 a 0,5 A (opcional)
- Conjunto de eletrodos de grafite para verificação da condutividade elétrica de soluções.

Instruções para montagem de um conjunto de eletrodos

Material

- Dois eletrodos cilíndricos de grafite de 6 cm de comprimento (podem ser retirados de pilhas secas usadas, grandes).
- Lâmina de material isolante rígido (acrílico, fórmica ou semelhante) de aproximadamente 3 cm × 6 cm.
- Cola Araldite.

Montagem do conjunto de eletrodos, Figura 1-1

1. Cortar, de uma lâmina de material isolante, um pedaço de aproximadamente 3 cm × 6 cm.
2. Fazer dois furos na lâmina conforme o diâmetro dos eletrodos (deve ficar um espaço livre de aproximadamente 5 mm entre os dois eletrodos).
3. Fixar paralelamente os dois eletrodos na placa de suporte com uma cola adequada (Araldite ou semelhante), de tal maneira que 1 cm dos eletrodos fique acima e 5 cm abaixo da placa.

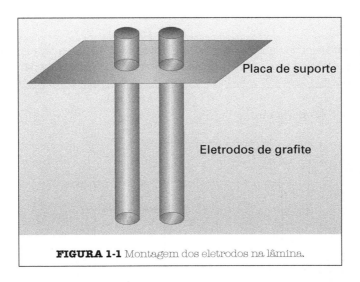

FIGURA 1-1 Montagem dos eletrodos na lâmina.

PARTE A:
VERIFICAÇÃO DA CONDUTIVIDADE DE ALGUNS LÍQUIDOS E DE SOLUÇÕES AQUOSAS DE SUBSTÂNCIAS DIVERSAS [duração: 40 min]

Objetos de estudo

Grupo A (soluções ± 20 g/L)	Grupo B (sem diluir)
Ácido sulfúrico	Água de torneira
Ácido bórico	Álcool comercial
Ácido cítrico	Acetona
Sal de cozinha	Vinagre
Açúcar	Refrigerante
Ureia	Suco de fruta
Bicarbonato de sódio	Água sanitária diluída
Sulfato de cobre	
Hidróxido de sódio	
Cloreto de amônio	

Procedimento

- Monte o circuito elétrico composto por uma fonte de 15 V, uma lâmpada de filamento de 12 V, um amperímetro (opcional) e um conjunto de eletrodos, como se vê na Figura 1-2.

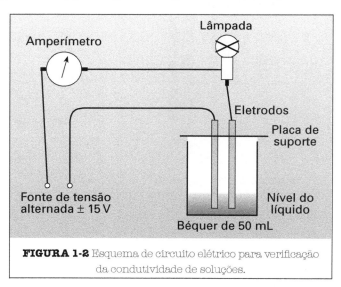

FIGURA 1-2 Esquema de circuito elétrico para verificação da condutividade de soluções.

- Mostre ao professor a montagem antes de ligar o circuito elétrico.
- Separe os seguintes líquidos para estudo:
  a) água destilada;
  b) cinco das soluções do grupo A da tabela, indicadas pelo instrutor;
  c) três dos líquidos do grupo B, indicados pelo instrutor.
- Verifique sucessivamente a condutividade dos líquidos, conforme o procedimento a seguir:
  1. Lave os eletrodos com água destilada.
  2. Coloque 25 mL do líquido a ser estudado num béquer de 50 mL.
  3. Introduza os eletrodos no líquido, de maneira tal que pelo menos 1 cm fique submerso.
  4. Ligue a fonte e registre o brilho da lâmpada e a amperagem observados.
  5. Desligue a fonte imediatamente e retire os eletrodos do líquido.
  6. Lave os eletrodos e o recipiente cuidadosamente com água destilada e use o mesmo procedimento para os demais líquidos escolhidos.

Descarte dos resíduos

- Terminado o experimento, os líquidos estudados devem ser diluídos com água e despejados na pia.

Discussão

1. Indique os eletrólitos fortes, os eletrólitos fracos e os não eletrólitos entre as substâncias pesquisadas.
2. Indique os íons responsáveis pela condutividade observada nos diversos líquidos pesquisados.

PARTE B:
ESTUDO CONDUTIMÉTRICO DA REAÇÃO ENTRE UM ÁCIDO FRACO E UMA BASE FRACA [duração: 15-20 min]

Reagentes específicos

- Ácido acético diluído (0,25 mol/L)
- Amônia diluída (0,25 mol/L)

Procedimento

1. Verifique separadamente a condutividade das soluções de ácido acético e de amônia, conforme procedimento descrito no experimento A.
2. Coloque 25 mL da solução de ácido acético num béquer de 50 mL.
3. Introduza os eletrodos na solução e ligue o circuito.
4. Adicione, lentamente, até 20 mL da solução de amônia e observe uma eventual mudança no brilho da lâmpada e na amperagem.

Descarte dos resíduos

- Encerrado o experimento, as soluções usadas devem ser diluídas com água e despejadas na pia.

Discussão

1. Apresente a equação química da reação realizada.
2. Explique a eventual mudança observada na condutividade com base na existência de eletrólitos fortes e eletrólitos fracos antes e depois da adição da solução de amônia.

PARTE C
ESTUDO CONDUTIMÉTRICO DA REAÇÃO ENTRE ACETATO DE BÁRIO E ÁCIDO SULFÚRICO [duração: 20-30 min]

Materiais e reagentes específicos

- Pipeta graduada de 5 mL
- Solução de acetato de bário 0,05 mol/L (25 mL)
- Ácido sulfúrico diluído 0,5 mol/L (5 mL)

Procedimento

1. Coloque 25 mL da solução de acetato de bário num béquer de 50 mL.
2. Verifique a condutividade dessa solução, conforme o procedimento descrito no experimento A.
3. Adicione, com uma pipeta graduada, 0,5 mL do ácido sulfúrico, agite o béquer, observe as transformações ocorridas na solução e verifique a mudança da condutividade.
4. Continue acrescentando alíquotas de 0,5 mL do ácido sulfúrico e verifique as mudanças da condutividade, até chegar a um total de 5 mL de ácido adicionado.
5. Ao finalizar o experimento, desligue a fonte, retire os eletrodos e lave-os com água destilada.

Descarte dos resíduos

- O resíduo de sulfato de bário deve ser depositado num recipiente destinado à coleta de resíduos sólidos inorgânicos.

Discussão

1. Apresente as observações em forma de tabela.
2. Apresente os resultados em forma de gráfico (amperagem observada *versus* volume de ácido adicionado).
3. Apresente a equação química da reação estudada.
4. Explique as mudanças da condutividade observadas, com base na existência de eletrólitos fortes e eletrólitos fracos em cada etapa de reação.

PARTE D
ESTUDO DA IMPORTÂNCIA DO SOLVENTE NA IONIZAÇÃO DE ELETRÓLITOS [duração: 15-20 min]

Reagentes específicos

- Álcool etílico
- Ácido cítrico sólido
- Ácido tartárico sólido
- Ácido oxálico sólido

Procedimento

1. Coloque 25 mL de água destilada em um béquer de 50 mL e verifique a condutividade, conforme o procedimento descrito no experimento A.
2. Adicione 0,5 g de um dos ácidos acima indicados e agite a mistura até a completa dissolução do sólido.
3. Verifique a condutividade da solução.
4. Coloque 25 mL de etanol em um béquer de 50 mL e verifique a sua condutividade.
5. Adicione 0,5 g do mesmo ácido escolhido no experimento anterior e agite a mistura até a completa dissolução do sólido.
6. Verifique a condutividade da solução.

Descarte dos resíduos

- Terminado o experimento, os líquidos usados devem ser diluídos com água e despejados na pia.

Discussão

1. Observou alguma diferença na condutividade entre a solução aquosa e a solução alcoólica do ácido escolhido?
2. Caso positivo, explique essa diferença.

MIGRAÇÃO DE ÍONS EM UM CAMPO ELÉTRICO*

OBJETIVO

- Verificar o deslocamento de diversos cátions e ânions em solução aquosa sob ação de um campo elétrico permanente.

INTRODUÇÃO

[Veja também o Roteiro 1 "Dissociação eletrolítica e condutividade elétrica".]

Substâncias iônicas, também denominadas *sais*, quando dissolvidas em água, sofrem *dissociação eletrolítica* total, com formação de componentes iônicos: íons com carga positiva (*cátions*) e íons com carga negativa (*ânions*). Em consequência disso, as soluções dessas substâncias apresentam elevada *condutividade elétrica*. Tais substâncias também são denominadas *eletrólitos fortes*. Quando se submete a solução de um eletrólito a um potencial elétrico, os cátions são atraídos pelo eletrodo negativo (*cátodo*) e os ânions deslocam-se em direção ao eletrodo positivo (*ânodo*).

A dissociação eletrolítica de sais pode ocorrer com formação de íons simples (monoatômicos) ou complexos (poliatômicos).

---

* Karl E. Bessler e Daniel de O. Campos, "A Simple Experiment for Ion Migration". *J. Chem. Educ.* **1999**, 76, 1516-1517.

Assim, os sais fluoreto de potássio, cloreto de sódio, brometo de magnésio e cloreto de cálcio, por exemplo, dissociam-se em meio aquoso fornecendo cátions e ânions simples:

$KF_{(s)}$	$\longrightarrow$	$K^+_{(aq)}$ cátion potássio	+	$F^-_{(aq)}$ ânion fluoreto
$NaCl_{(s)}$	$\longrightarrow$	$Na^+_{(aq)}$ cátion sódio	+	$Cl^-_{(aq)}$ ânion cloreto
$MgBr_{2(s)}$	$\longrightarrow$	$Mg^{2+}_{(aq)}$ cátion magnésio	+	$2\,Br^-_{(aq)}$ ânions brometo
$CaCl_{2(s)}$	$\longrightarrow$	$Ca^{2+}_{(aq)}$ cátion cálcio	+	$2\,Cl^-_{(aq)}$ ânions cloreto

Iodeto de amônio e cloreto de hexamincobalto(III) dissociam-se em cátions compostos e ânions simples:

$NH_4I_{(s)}$	$\longrightarrow$	$NH_4^+_{(aq)}$ cátion amônio	+	$I^-_{(aq)}$ ânion iodeto
$[Co(NH_3)_6]Cl_{3(s)}$	$\longrightarrow$	$[Co(NH_3)_6]^{3+}_{(aq)}$ cátion hexamincobalto	+	$3\,Cl^-_{(aq)}$ ânions cloreto

Permanganato de sódio, sulfato de potássio e alumínio, e hexacianoferrato(II) de potássio dissociam-se em cátions simples e ânions complexos:

$NaMnO_{4(s)}$	$\longrightarrow$	$Na^+_{(aq)}$ cátion sódio	+	$MnO_4^-_{(aq)}$ ânion permanganato		
$KAl(SO_4)_{2(s)}$	$\longrightarrow$	$K^+_{(aq)}$ cátion potássio	+	$Al^{3+}_{(aq)}$ cátion alumínio	+	$2\,SO_4^{2-}_{(aq)}$ ânions sulfato
$K_4Fe(CN)_{6(s)}$	$\longrightarrow$	$4\,K^+_{(aq)}$ cátions potássio	+	$[Fe(CN)_6]^{4-}_{(aq)}$ ânion hexacianoferrato		

Finalmente, tetrafluoroborato de amônio ou cromato de amônio dissociam-se em cátions e ânions compostos:

$NH_4BF_{4(s)}$	$\longrightarrow$	$NH_4^+_{(aq)}$ cátion amônio	+	$BF_4^-_{(aq)}$ ânion tetrafluoroborato
$(NH_4)_2CrO_{4(s)}$	$\longrightarrow$	$2\,NH_4^+_{(aq)}$ cátions amônio	+	$CrO_4^{2-}_{(aq)}$ ânion cromato

LEITURA RECOMENDADA

Química geral: dissociação eletrolítica, migração de íons, condutividade elétrica de soluções.

PARTE EXPERIMENTAL [duração para montagem: 15-20 min, execução: 15-20 min para cada combinação]

Princípio

O princípio do experimento consiste na migração, sob influência de um campo elétrico, de ânions em direção a cátions, preferencialmente incolores ou fracamente coloridos, que, ao se encontrarem, reagem formando compostos insolúveis e fortemente coloridos. Exemplo:

$$\underset{\text{incolor}}{S^{2-}_{(aq)}} + \underset{\text{incolor}}{Pb^{2+}_{(aq)}} \longrightarrow \underset{\text{preto}}{PbS_{(s)}}$$

Gotas das soluções contendo ânions e cátions adequados são aplicadas a uma distância de 2 cm sobre uma tira de papel de filtro, molhada com uma solução de um eletrólito inerte (nitrato de amônio). A fim de se afastar a hipótese de que a migração dos íons tenha ocorrido por difusão, a aplicação é feita em dobro, em sentidos opostos: em uma delas, os íons reativos migram de encontro; na outra, afastam-se sob ação de um tensão elétrica. Em seguida, aplica-se uma tensão elétrica constante de ± 30 V nas extremidades do papel de filtro. Após alguns minutos, aparece no lugar de encontro entre cátions e ânions um traço colorido, imobilizado no papel, correspondente ao produto formado entre eles.

Material

- Fonte de tensão constante de 30 V
- Dois fios condutores com terminais tipo jacaré
- Dois eletrodos de grafite de 5 cm de comprimento (de pilhas secas usadas)
- Placa de vidro plano de 5 cm × 10 cm
- Dez tiras de papel-filtro 5 cm × 10 cm
- Frasco cilíndrico de 250 mL com tampa (pode ser um vidro de conserva), para estocar a solução de eletrólito de suporte
- Doze frascos de 25 mL com tampa, para estocar as soluções dos reagentes
- Doze pipetas capilares de vidro

Reagentes

- Eletrólito de suporte: solução de nitrato de amônio (NH_4NO_3), 40,0 g/L
- Soluções contendo os ânions (*A*) e os cátions (*C*) de interesse (concentração ± 0,2 mol/L):

  - *A*1, iodeto de potássio (KI) 33,2 g/L ou iodeto de sódio (NaI), 30,0 g/L
  - *A*2, cromato de potássio (K_2CrO_4), 38,8 g/L
  - *A*3, hexacianoferrato(II) de potássio ($K_4[Fe(CN)_6]\cdot 3H_2O$), 84,5 g/L
  - *A*4, hexacianoferrato(III) de potássio ($K_3[Fe(CN)_6]$), 65,9 g/L
  - *C*1, nitrato de chumbo ($Pb(NO_3)_2$), 66,2 g/L
  - *C*2, nitrato de mercúrio(II) ($Hg(NO_3)_2$) 64,9 g/L
  - *C*3, cloreto de mercúrio(II) ($HgCl_2$), 54,3 g/L
  - *C*4, nitrato de prata ($AgNO_3$), 34,0 g/L
  - *C*5, nitrato de cobre(II) ($Cu(NO_3)_2\cdot 6H_2O$), 59,0 g/L, ou sulfato de cobre(II), ($CuSO_4\cdot 5H_2O$), 49,9 g/L
  - *C*6, nitrato de ferro(III) ($Fe(NO_3)_3\cdot 9H_2O$), 81,0 g/L
  - *C*7, sulfato de ferro(II) e amônio ($Fe(NH_4)_2(SO_4)_2\cdot 6H_2O$), 78,4 g/L
  - *C*8, nitrato de zinco ($Zn(NO_3)_2\cdot 6H_2O$), 59,5 g/L, ou sulfato de zinco ($ZnSO_4\cdot 7H_2O$), 57,5 g/L

> Atenção: os compostos de mercúrio são tóxicos, portanto, devem ser manipulados com o devido cuidado, evitando-se que derramem.

Procedimento

1. Corte o papel-filtro em tiras de 5 cm × 10 cm e marque com lápis os pontos de aplicação nas tiras do papel (*C* e *A*, conforme ilustrado na Figura 2-1).
2. Deixe as tiras de papel de filtro submersas por alguns minutos na solução de nitrato de amônio (eletrólito de suporte).
3. Retire uma tira de papel-filtro da solução e estenda-a sobre a placa de vidro.
4. As próximas etapas devem ser efetuadas o mais rápido possível, para evitar o ressecamento das tiras contendo a solução do eletrólito.
5. Coloque a placa com o papel estendido horizontalmente sobre uma base adequada (por exemplo, uma placa de Petri ou semelhante).
6. Escolha combinações adequadas de soluções *A* e *C*, e aplique uma gota de cada solução, com o auxílio de uma pipeta capilar ou tubo capilar, nos pontos marcados no papel.
7. Em seguida, fixe os eletrodos mediante conectores tipo jacaré nos extremos do papel em posição transversal e aplique uma tensão contínua de ±30 V.
8. Após ±10 min, aparece um traço colorido no lugar de encontro do cátion e do ânion escolhidos. Para reforçar o efeito, pode-se manter o potencial elétrico até um total de 15 min. Em seguida, a fonte deve ser desligada, para evitar efeitos secundários. OBSERVAÇÃO: se o efeito esperado não aparecer em até 10 min, consulte o professor para revisão do sistema.
9. Opcional: aplique sobre uma placa de vidro uma gota da solução *A* e, diretamente sobre esta, aplique uma gota da solução *C* adequada e compare os resultados com aqueles obtidos na experiência sob campo elétrico.

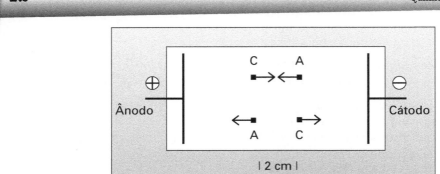

FIGURA 2-1

TABELA 2-1 Combinações adequadas de soluções			
Solução A	Solução C	Produto esperado	Cor do produto
A1-KI	C1-Pb(NO$_3$)$_2$	PbI$_2$	Amarelo
A1-KI	C2-Hg(NO$_3$)$_2$	HgI$_2$	Vermelho
A1-KI	C3-HgCl$_2$	HgI$_2$	Vermelho
A1-KI	C4-AgNO$_3$	AgI	Amarelo pálido
A2-K$_2$CrO$_4$	C1-Pb(NO$_3$)$_2$	PbCrO$_4$	Amarelo
A3-K$_4$[Fe(CN)$_6$]	C5-Cu(NO$_3$)$_2$	Cu$_2$Fe(CN)$_6$	Castanho
A3-K$_4$[Fe(CN)$_6$]	C6-Fe(NO$_3$)$_3$	KFe$_2$(CN)$_6$	Azul
A4-K$_3$[Fe(CN)$_6$]	C7-Fe(NH$_4$)$_2$(SO$_4$)$_2$	KFe$_2$(CN)$_6$	Azul
A4-K$_3$[Fe(CN)$_6$]	C8-Zn(NO$_3$)$_2$	Zn$_3$Fe$_2$(CN)$_{12}$	Alaranjado

Descarte e reciclagem de resíduos

- As tiras de papel com os resultados bem-sucedidos podem ser lavadas na torneira, de maneira que o jato d'água escoe perpendicularmente ao sentido do deslocamento dos íons, secas ao ar e guardadas como documento.
- As fitas de papel com os resultados não aproveitáveis devem ser lavadas na torneira e depositadas no lixo.
- As sobras da solução de nitrato de amônio podem ser guardadas em garrafa fechada para utilização posterior.

Discussão

1. Apresente os resultados obtidos na forma de desenhos.
2. Identifique os íons que participam nas reações observadas.
3. Apresente equações químicas para as reações observadas.
4. A combinação A1/C3 não mostra o efeito esperado. Explique.
5. Identifique os íons formados pelas seguintes substâncias, em meio aquoso, e discuta seu comportamento sob um campo elétrico (quais íons migram no sentido do cátodo e quais no sentido do ânodo?): (NH$_4$)$_2$[Ni(CN)$_4$], KMnO$_4$, H$_2$SO$_4$, Ba(OH)$_2$.

ROTEIRO 3

ESTUDO QUALITATIVO DE EQUILÍBRIOS QUÍMICOS

OBJETIVO

- Demonstrar experimentalmente as características fundamentais do equilíbrio químico e do princípio de Le Chatelier, empregando exemplos simples de reações homogêneas e heterogêneas em solução aquosa.

INTRODUÇÃO

De um modo geral, reações químicas reversíveis ocorrem até que seja alcançado um estado de equilíbrio entre as concentrações dos reagentes e dos produtos.

Para uma *reação homogênea* em solução, representada pela equação química geral

$$\underset{\text{reagentes}}{m\,A + n\,B} \rightleftharpoons \underset{\text{produtos}}{x\,C + y\,D},$$

o estado de equilíbrio é descrito pela seguinte expressão, formulada por Guldberg e Waage em 1867:

$$\frac{[C]^x \cdot [D]^y}{[A]^m \cdot [B]^n} = K,$$

onde m, n, x e y correspondem aos coeficientes estequiométricos e [A], [B], [C] e [D] às concentrações em mol/L das espécies envolvidas (reagentes e produtos), K representa a chamada *constante de equilíbrio*.

Para uma determinada reação química, K tem um valor característico, sempre positivo, que varia apenas com a temperatura.

Quando K > 1, o estado de equilíbrio é favorável ao lado direito (produtos); quando K < 1, o estado de equilíbrio é favorável ao lado esquerdo (reagentes) da equação química correspondente.

O conhecimento de constantes de equilíbrio é de fundamental importância para previsão do sucesso de reações químicas tanto no laboratório como em processos industriais. Em sistemas biológicos, constantes de equilíbrio regem o funcionamento de processos vitais, como, por exemplo, a respiração.

O *Princípio de Le Chatelier*, enunciado em 1888, afirma que, se um sistema em equilíbrio for perturbado por algum fator externo, o sistema reagirá de modo a contrabalançar o efeito da variação, encontrando, assim, um novo estado de equilíbrio.

Por exemplo, na reação química em equilíbrio acima representada, se aumentarmos a concentração de um dos reagentes A ou B, a resposta do sistema será consumir esse excesso de reagente, deslocando o equilíbrio no sentido dos produtos C ou D, e vice-versa. Nesse caso, o novo estado de equilíbrio apresentará o mesmo valor da constante de equilíbrio.

Na prática, muitas vezes um dos reagentes é utilizado em excesso ou um dos produtos é retirado do meio reagente, para deslocar o equilíbrio na direção de formação de mais produtos e, assim, melhorar o rendimento do processo.

Se fornecemos energia — por exemplo, aumentando a temperatura —, uma reação endotérmica se desloca no sentido dos produtos, consumindo, assim, a energia fornecida. Nesse caso, o valor da constante de equilíbrio da reação considerada aumenta com a temperatura. Já em reações exotérmicas, o aumento da temperatura desloca o equilíbrio no sentido dos reagentes, diminuindo o valor da constante de equilíbrio.

Equilíbrios heterogêneos são aqueles que envolvem mais de uma fase (gasosa/líquida, gasosa/sólida, líquida/líquida, líquida/sólida, sólida/sólida). Equilíbrios entre espécies dissolvidas e uma fase sólida chamam-se equilíbrios de *solubilização/precipitação*.

Em soluções aquosas, os sais encontram-se dissociados em seus componentes iônicos (cátions e ânions). Quando dissolvemos um sal em água, o processo de solubilização avança até chegar a um equilíbrio entre o sólido e seus íons em solução. Nessas condições, obtemos uma *solução saturada*, onde o aumento da quantidade do sólido não altera as concentrações dos íons na solução sobrenadante.

Consideremos a solubilização de fluoreto de cálcio (CaF_2) em água a uma determinada temperatura:

$$CaF_{2(s)} \rightleftharpoons Ca^{2+}_{(aq)} + 2\,F^{-}_{(aq)}$$

A quantidade do CaF_2 sólido não tem nenhuma importância sobre as concentrações dos íons Ca^{2+} e F^- na solução, já que no estado de equilíbrio a concentração dos íons em solução atingiu o valor máximo possível na temperatura considerada. Portanto a correspondente expressão do equilíbrio é:

$$[Ca^{2+}][F^-]^2 = K_s$$

A constante K_s é denominada *constante de solubilidade* ou *produto de solubilidade*; K_s define a solubilidade e tem um valor característico para cada sal a uma dada temperatura. Um valor alto de K_s (>1) corresponde a uma solubilidade alta. A 25 °C, K_s do CaF_2 tem um valor de 2×10^{-10}.

O processo inverso à solubilização corresponde à *precipitação* de um sólido. Em uma solução aquosa contendo os íons Ca^{2+} e F^-, se o produto $[Ca^{2+}][F^-]^2$ for levado a exceder o valor de K_s, pela adição de um íon comum (Ca^{2+} ou F^-), por exemplo, o sistema tentará igualar o produto $[Ca^{2+}][F^-]^2$ a K_s, pelo deslocamento do equilíbrio no sentido da precipitação de CaF_2. É um fato experimental que CaF_2 precipita de uma solução saturada com a adição de cloreto, nitrato ou acetato de cálcio ou de fluoreto de sódio, potássio ou amônio.

LEITURA RECOMENDADA

Química Geral: equilíbrios químicos homogêneos e heterogêneos em soluções aquosas, equilíbrios de dissociação e de precipitação, princípio de Le Chatelier, constantes de equilíbrios.

PARTE EXPERIMENTAL

PARTE A:
EQUILÍBRIO HOMOGÊNEO [duração: 40-50 min]

$$[Cu(H_2O)_4]^{2+} + 4\ Cl^- \rightleftharpoons [CuCl_4]^{2-} + 4\ H_2O$$
$$\text{azul celeste} \qquad\qquad\qquad \text{amarelo}$$

Soluções aquosas de sais de cobre(II) apresentam cor azul-celeste, característica do íon complexo tetraquacobre(II) $[Cu(H_2O)_4]^{2+}$. Acrescentando-se cloreto à solução, a cor muda para verde e finalmente amarelo, devido à formação do íon complexo tetraclorocuprato(II) $[CuCl_4]^{2-}$. Esse é um exemplo de uma reação de substituição onde as moléculas de água, coordenadas ao cátion de cobre(II), são deslocadas pelos íons cloreto.

Material e reagentes

- Cinco tubos de ensaio
- Estante para tubos de ensaio
- Bico de Bunsen
- Espátula
- Solução de sulfato de cobre(II) ($CuSO_4 \cdot 5H_2O$), 49,9 g/L
- Cloreto de amônio sólido
- Ácido clorídrico concentrado
- Uma proveta de 5 ou 10 mL

Procedimento parte I

1. Prepare cinco tubos de ensaio, numerados de 1 a 5, numa estante adequada.
2. Coloque em cada tubo 20 gotas de solução de sulfato de cobre(II) 0,2 mol/L. A solução 1 serve como padrão de comparação.
3. Dilua a solução contida no tubo 2 com cerca de 2 mL de água destilada e reserve-a para posterior comparação.
4. Adicione às soluções contidas nos tubos 3 e 4 ácido clorídrico concentrado, gota a gota, até não observar mais mudanças aparentes (de 6 a 8 gotas).
5. Acrescente ao tubo 4 água destilada, gota a gota, até a solução atingir a coloração da solução do tubo 2.
6. Ao tubo 5, adicione ácido clorídrico apenas o suficiente para produzir uma mudança perceptível do estado inicial (o tubo 1 é a referência), com cuidado para não atingir o estado final observado no tubo 3.
7. Mostre para o professor todas as soluções contidas nos tubos 1, 2, 3, 4 e 5 antes de descartá-las na pia.

Procedimento parte II

1. Prepare três tubos de ensaio, numerados de 1 a 3, numa estante adequada.
2. Coloque nos três tubos volumes iguais (2 mL) de solução de sulfato de cobre(II) 0,2 mol/L. A solução 1 serve como padrão de comparação.
3. Adicione aos tubos 2 e 3 cloreto de amônio sólido em pequenas porções e sob agitação constante, até observar uma mudança pronunciada da cor da solução.
4. Aqueça a solução do tubo 3 cuidadosamente (sem ferver) e verifique a mudança de cor em relação ao tubo 2.
5. Deixe esfriar o tubo 3 e verifique a cor da solução.
6. Dilua a solução no tubo 2 com alguns mililitros de água destilada e observe a mudança de cor.

Descarte de resíduos

- Após os experimentos, as soluções contidas nos tubos de ensaio podem ser diluídas e descartadas na pia.

Discussão

1. Escreva a equação química da reação estudada.
2. Conforme as cores observadas, quais são as espécies predominantes nas soluções dos tubos 3, 4 e 5 da parte I?
3. Coloque os tubos em ordem crescente de concentração de $CuCl_4^{2-}$.
4. Utilizando expressões como, por exemplo, "o equilíbrio está deslocado mais para direita" ou "o equilíbrio está deslocado mais para o lado dos reagentes", caracterize a situação de equilíbrio verificada nesses tubos.
5. Qual é a diferença na composição (espécies iônicas) das soluções contidas nos tubos 1 e 2 da parte I?
6. Qual é a diferença na composição (espécies iônicas) das soluções contidas nos tubos 2 e 4 da parte I?

7. As mudanças observadas são reversíveis? Justifique sua resposta, exemplificando-a com uma situação observada nesse experimento.
8. Qual a função do cloreto de amônio e do ácido clorídrico sobre o equilíbrio estudado? Justifique sua resposta.
9. Qual é o efeito do aumento de temperatura sobre esse equilíbrio? Justifique sua resposta.
10. A reação em estudo é exotérmica ou endotérmica? Justifique sua resposta.
11. Qual é o efeito da diluição sobre esse equilíbrio? Justifique sua resposta.
12. Apresente a expressão para a constante de equilíbrio da reação estudada.

PARTE B:
EQUILÍBRIO HETEROGÊNEO PRECIPITAÇÃO/SOLUBILIZAÇÃO DE CLORETO DE BÁRIO [duração: 30-40 min]

Material e reagentes

- Tubos de ensaio
- Uma estante para tubos de ensaio
- Pipetas de Pasteur
- Solução saturada de cloreto de bário (33 g de $BaCl_2 \cdot 2H_2O$ em 100 mL)
- Solução saturada de cloreto de amônio (26 g de NH_4Cl em 100 mL)
- Solução saturada de cloreto de sódio (31 g de NaCl em 100 mL)
- Solução filtrada de cloreto de cálcio (40 g de $CaCl_2$ anidro em 100 mL)
- Ácido clorídrico concentrado

Procedimento

1. Prepare quatro tubos de ensaio, numerados de 1 a 4, numa estante adequada.
2. Coloque em cada tubo 1 mL (de 20 a 25 gotas) de solução saturada de cloreto de bário.
3. Adicione, gota a gota, com uma pipeta de Pasteur, no máximo 10 gotas das seguintes soluções, com agitação, até observar o início da formação de um precipitado de cloreto de bário:
   ao tubo 1, ácido clorídrico concentrado;
   ao tubo 2, solução saturada de cloreto de sódio;
   ao tubo 3, solução de cloreto de cálcio;
   ao tubo 4, solução saturada de cloreto de amônio.
4. Anote os casos em que observou a formação de precipitado.
5. Para verificar a reversibilidade do equilíbrio, adicione água destilada em pequenas porções e com agitação aos tubos que apresentam precipitado, até a dissolução completa do precipitado.

Descarte de resíduos

De um modo geral, compostos de bário são tóxicos e, portanto, soluções contendo sais de bário não devem ser despejadas indiscriminadamente na pia. Uma maneira conveniente de "desativar" o bário é imobilizando-o num composto de baixa solubilidade. Um composto de bário bem pouco solúvel em água é o sulfato de bário (solubilidade 0,00005 mol/L).

Para "desativação" do bário, as soluções utilizadas no experimento devem ser coletadas num recipiente indicado pelo instrutor, diluídas com água e misturadas com solução de sulfato de sódio. Após decantação, o sedimento de sulfato de bário deve ser recolhido e depositado num recipiente específico para resíduos sólidos inorgânicos.

Discussão

1. Apresente a equação iônica do equilíbrio estudado.
2. A reação estudada é reversível?
3. Explique por que somente em alguns dos casos estudados observou-se a precipitação de cloreto de bário.

   Dica: As concentrações do íon cloreto nas soluções adicionadas são as seguintes:

   ácido clorídrico concentrado, 10 mol/L;
   cloreto de sódio saturado, 5,3 mol/L;
   cloreto de cálcio a 400 g/L, 10 mol/L;
   cloreto de amônio saturado, 4,8 mol/L.

ROTEIRO

ESTUDO DE TERMOQUÍMICA: PROCESSOS EXOTÉRMICOS E ENDOTÉRMICOS

OBJETIVO

- Obter uma noção sobre efeitos térmicos que acompanham processos químicos: reações exotérmicas e endotérmicas.

INTRODUÇÃO

A *Termodinâmica* é a área da ciência que se dedica ao estudo das trocas de energia que acompanham as transformações químicas e físicas da matéria. O estudo específico das trocas de energias na forma de calor, que acompanham reações químicas ou mudanças de estado físico, é o principal objetivo da Termoquímica.

Quando dois sistemas em contato se encontram em temperaturas diferentes, energia na forma de calor (q) é transferida do sistema de maior temperatura para o de menor temperatura, até que se atinja o equilíbrio térmico, quando ambos os sistemas adquirem a mesma temperatura. Para que a *Lei da Conservação da Energia* seja obedecida, essa energia adicionada ao sistema de menor temperatura deve aparecer na forma de trabalho realizado pelo sistema (w) e/ou como uma alteração da sua energia interna (ΔE):

$$\Delta E = q + w \qquad (4\text{-}1)$$

A energia interna (E) de um sistema refere-se à sua energia total e é resultante principalmente das energias cinéticas de suas moléculas, íons ou átomos, e da energia potencial responsável pela interação entre as partículas que compõem o sistema, incluindo as ligações químicas.

A equação 4-1 é a expressão matemática da *Primeira Lei da Termodinâmica*, que nada mais é que a Lei da Conservação da Energia aplicada a trocas de energia entre sistemas na forma de calor.

Em uma reação química, por exemplo, ligações químicas são rompidas e novas ligações formadas, além das interações intermoleculares que, consequentemente, são alteradas. Dizemos, portanto, que, durante uma transformação química em que reagentes a 25 °C são convertidos em produtos à mesma temperatura, ocorre uma redistribuição da energia interna do sistema. Experimentalmente, é possível determinar apenas a *variação da energia interna de um sistema* (ΔE), a qual representa a diferença entre um estado inicial ($E_{inicial}$) e um estado final (E_{final}):

$$\Delta E = E_{final} - E_{inicial} \qquad (4\text{-}2)$$

A energia interna de um sistema está relacionada a uma outra função terrmodinâmica, denominada *entalpia* (H), conforme a seguinte relação:

$$H = E + PV \qquad (4\text{-}3)$$

Para fins práticos, podemos dizer que em reações químicas as diferenças entre ΔH e ΔE são muito pequenas. Em transformações químicas, onde reagentes e produtos são líquidos ou sólidos e a pressão é moderada (<700 atm), a variação de volume é desprezível e ΔH é da mesma ordem de grandeza que ΔE. Em reações envolvendo o consumo ou a produção de gases, o produto $P\Delta V$ tem de ser considerado, mas, ainda assim, esse termo é muitas ordens de grandeza menor do que ΔE, de maneira que a seguinte aproximação é válida:

$$\Delta H \approx \Delta E = H_{final} - H_{inicial} \qquad (4\text{-}4)$$

Em uma transformação química ou mudança de estado físico, se ΔH é negativo, isso significa que a entalpia final do sistema (H_{final}) é menor que sua entalpia inicial ($H_{inicial}$), tendo uma parte da energia do sistema sido transferida para suas vizinhanças na forma de calor. Esses processos, onde $\Delta H < 0$, são denominados *exotérmicos*. Processos em que a entalpia final do sistema é maior que a inicial, ($\Delta H > 0$), absorveram energia das vizinhanças na forma de calor e são denominados processos *endotérmicos*.

Exemplos de processos exotérmicos e endotérmicos que envolvem mudanças de estado físico:

- Entalpia de vaporização,
  $H_2O_{(l)} \longrightarrow H_2O_{(g)}$ ($\Delta H = +41$ kJ/mol)

- Entalpia de solidificação,
  $H_2O_{(l)} \longrightarrow H_2O_{(s)}$ ($\Delta H = -6$ kJ/mol)

- Entalpia de dissolução,
  $NaCl_{(s)} + n\ H_2O \longrightarrow Na^+_{(aq)} + Cl^-_{(aq)}$ ($\Delta H = +4$ kJ/mol)
  $LiCl_{(s)} + n\ H_2O \longrightarrow Li^+_{(aq)} + Cl^-_{(aq)}$ ($\Delta H = -0,04$ kJ/mol)

Exemplos de transformações químicas:

$2\ C_2H_{6(g)} + 7\ O_{2(g)} \longrightarrow 4\ CO_{2(g)} + 6\ H_2O_{(l)}$ ($\Delta H = -3.123$ kJ/mol)
(combustão do etano)

$H_2O_{(l)} \longrightarrow H_{2(g)} + \frac{1}{2}\ O_{2(g)}$ ($\Delta H = +283$ kJ/mol)
(decomposição da água)

Ao estudar as transformações que ocorrem numa solução, por exemplo, em que hidróxido de sódio e ácido clorídrico foram misturados, consideramos como sistema a solução e, como vizinhanças, o recipiente e o ar atmosférico em contato direto com o sistema. Seja o nosso sistema, portanto, uma solução em que um processo exotérmico está ocorrendo. *Como o calor se manifesta por um efeito nas vizinhanças do sistema* (paredes do béquer e ar atmosférico em contato com o sistema), a rigor, deveríamos observar o aumento da temperatura das paredes do béquer e ambiente externo. Todavia, essa transferência de energia na forma de calor é extremamente lenta, caracterizando-se o processo em questão como praticamente *adiabático*, isto é, processo em que energia não pode ser transferida na forma de calor entre o sistema e suas vizinhanças ($\Delta q = 0$). Devemos considerar, então, que o aumento ou a diminuição de temperatura do sistema, por ocasião de uma transformação química ou física, se deve a um remanejamento da energia interna do próprio sistema.

A energia interna de um dado sistema é a sua energia total, a qual pode ser desmembrada em duas formas de energia: energia *cinética*, do movimento dos átomos, íons ou moléculas que compõem o sistema e, energia *potencial*, em virtude das forças de interação entre esses componentes, incluindo-se as ligações químicas. Se o sistema não troca energia com as suas vizinhanças na forma de calor ou trabalho, isso significa que a energia total do sistema tem de se manter constante antes e após a transformação, a fim de que a Lei da Conservação de Energia seja respeitada. Assim, quando, durante uma transformação, ligações químicas e/ou interações são rompidas e novas ligações e/ou interações são formadas, há uma variação na energia potencial do sistema. Como a energia total do sistema não pode variar, isso significa que, se há um decréscimo de energia potencial em função da transformação observada, essa diferença será convertida em energia cinética, resultando em um aumento do grau de agitação dos componentes do próprio sistema. Nesse caso, como a temperatura de um sistema reflete o grau de agitação das partículas que o compõem, deve-se observar uma elevação da temperatura do sistema. Por outro lado, se a transformação implica em um abaixamento da temperatura do sistema, podemos supor que parte da energia cinética do sistema foi convertida em energia potencial, armazenada na forma de ligações químicas, por exemplo.

Em ambos os casos, apesar de não ter havido uma variação da energia interna do sistema, podemos dizer que, quando um aumento de temperatura é observado, a transformação é exotérmica, pois, se o processo não fosse adiabático, parte da energia potencial do sistema que foi convertida em energia cinética seria transferida na forma de calor para as vizinhanças do sistema, até que o equilíbrio térmico entre o sistema e suas vizinhanças fosse verificado. Dessa forma, a entalpia final do sistema seria menor que a entalpia inicial e $\Delta H < 0$. No outro caso, em que a temperatura do sistema se reduziu, uma quantidade equivalente de energia na forma de calor seria transferida das vizinhanças para o sistema, até que o equilíbrio térmico fosse verificado, de maneira que a entalpia final do sistema seria maior que a inicial, caracterizando-se um processo endotérmico, onde $\Delta H > 0$. A variação de entalpia de um sistema (ΔH) pode ser medida experimentalmente utilizando-se um calorímetro.

Muitos dos processos físicos ou químicos espontâneos levam a um decréscimo da energia interna do sistema. Todavia, existem diversos exemplos de processos espontâneos em que um aumento da energia interna do sistema é observado como, por exemplo, evaporação, fusão, sublimação. Portanto, a variação de energia interna ou de entalpia de um sistema não é o único critério a ser considerado para se avaliar a espontaneidade de reações químicas ou mudanças de estado físico — deve-se considerar igualmente o número de graus de liberdade de movimento que o sistema adquire. O número de graus de liberdade translacional, rotacional e vibracional de um sistema pode ser representado por uma outra função termodinâmica, denominada entropia (S): quanto maior o número de graus de liberdade de um sistema, maior a sua entropia. A entalpia e a entropia de um sistema definem a mais fundamental das funções termodinâmicas, denominada *energia livre de Gibbs* (G), conforme a expressão a seguir, onde T é a temperatura de equilíbrio do sistema:

$$G = H - TS \tag{4-5}$$

Em processos espontâneos a T e P constantes, a energia livre de Gibbs do sistema no seu estado final deve ser menor que a do sistema no seu estado inicial ($\Delta G < 0$):

$$\Delta G = \Delta H - T\Delta S \tag{4-6}$$

A espontaneidade de um processo depende das variações de entalpia e entropia do sistema, bem como da temperatura, conforme resumido na Tabela 4-1. Se $\Delta S \approx 0$, reações químicas exotérmicas ($\Delta H < 0$) são sempre espontâneas. Se ΔH e ΔS são ambos positivos ou negativos, a temperatura desempenha um papel decisivo na espontaneidade da transformação. Um exemplo é a fusão do gelo, um processo endotérmico ($\Delta H > 0$) em que o sistema, após a transformação, adquire um número maior de graus de liberdade em comparação ao seu estado inicial ($\Delta S > 0$). Nesse caso, temos que o processo só é espontâneo ($\Delta G < 0$) a temperaturas acima de 0 °C (273 K), quando a quantidade $T\Delta S$ é maior que ΔH em valor absoluto ($|T\Delta S| > |\Delta H|$).

TABELA 4-1 Exemplos de processos espontâneos exotérmicos e endotérmicos

Processo	ΔH	ΔS	Exemplos
Exotérmico	$\Delta H < 0$	$\Delta S > 0$	A maioria das reações químicas
Exotérmico	$\Delta H < 0$	$\Delta S < 0$ e $|T\Delta S| < |\Delta H|$	Condensação, congelamento, cristalização
Endotérmico	$\Delta H > 0$	$\Delta S > 0$ e $|T\Delta S| > |\Delta H|$	Evaporação, fusão, sublimação, dissolução de certos sais, algumas reações químicas

De um modo geral, reações químicas endotérmicas são observadas a temperaturas elevadas, enquanto a maioria das reações exotérmicas ocorre a temperaturas mais baixas.

Exemplos de reações químicas exotérmicas:

$H_{2(g)} + 1/2\ O_{2(g)} \longrightarrow H_2O_{(l)}$ ($\Delta H = -285,9$ kJ/mol)
(combustão de hidrogênio)

$C_{(s)} + O_{2(g)} \longrightarrow CO_{2(g)}$ ($\Delta H = -293,5$ kJ/mol)
(combustão do carbono)

$S + O_{2(g)} \longrightarrow SO_{2(g)}$ ($\Delta H = -296,9$ kJ/mol)
(combustão do enxofre)

Exemplos de reações químicas endotérmicas:

1/2 H$_{2(g)}$ + 1/2 I$_{2(g)}$ ⟶ HI$_{(g)}$ (ΔH = + 26,5 kJ/mol)
(síntese de HI)

1/2 N$_{2(g)}$ + 1/2 O$_{2(g)}$ ⟶ NO$_{(g)}$ (ΔH = + 90,2 kJ/mol)
(síntese de NO)

CaCO$_{3(s)}$ ⟶ CaO$_{(s)}$ + CO$_{2(g)}$ (ΔH = + 177,8 kJ/mol)
(calcinação de calcário)

Fe$_2$O$_{3(s)}$ + 3 C$_{(s)}$ ⟶ 2 Fe$_{(s)}$ + 3 CO$_{(g)}$ (ΔH = + 490,8 kJ/mol)
(processo siderúrgico)

LEITURA RECOMENDADA

Química Geral: termoquímica, termodinâmica química, calor e temperatura em sistemas químicos, energia, entalpia e entropia.

PARTE EXPERIMENTAL

Material de uso geral

- Tubos de ensaio
- Estante para tubos de ensaio
- Um termômetro (de –10 a 100 °C)
- Uma proveta de 10 mL

PARTE A:
ENTALPIA DE MISTURA DE LÍQUIDOS [duração: 20-30 min]

Introdução

No estado líquido, as moléculas encontram-se associadas desordenadamente. O processo de mistura de líquidos pode ser representado da seguinte maneira:

líquido puro A + líquido puro B ⟶ mistura líquida A + B

O efeito térmico desse processo vai depender das forças de interação entre as moléculas dos líquidos. Na mistura, as interações entre as moléculas A···A e B···B nos líquidos puros são parcialmente substituídas pelas interações A···B. Se as interações A···B forem mais fortes que a média das interações A···A e B···B, o processo será exotérmico (observamos um aumento de temperatura ao misturar os dois líquidos). Se as forças de interação A···B forem semelhantes àquelas de A···A e B···B, o efeito térmico na mistura será mínimo (não observamos variação de temperatura ao misturar os dois líquidos). Se as interações A···B forem mais fracas que a média das interações A···A e B···B, o processo será endotérmico (observamos um abaixamento de temperatura ao misturar os dois líquidos).

Reagentes específicos

- Água destilada
- Metanol
- Etanol
- Acetona
- Glicerina
- Etilenoglicol
- Tolueno

Procedimento

1. Coloque 2,5 mL de um líquido indicado na coluna A em um tubo de ensaio.
2. Insira um termômetro e anote a temperatura do líquido.
3. Adicione 2,5 mL do líquido correspondente, indicado na coluna B, agite a mistura e observe a variação de temperatura.
4. Repita o procedimento com outras combinações adequadas de líquidos, conforme indicado pelo instrutor.

TABELA 4-2 Combinações adequadas de líquidos			
A	B	A	B
Metanol	Água	Metanol	Acetona
Etanol	Água	Acetona	Metanol
Acetona	Água	Etanol	Tolueno
Glicerina	Água	Metanol	Tolueno
Etilenoglicol	Água	Acetona	Tolueno
Metanol	Etanol		

Descarte de resíduos do experimento A

Misturas com tolueno devem ser depositadas em um recipiente específico para coleta de solventes. As outras misturas podem ser despejadas na pia, após diluição com bastante água.

Discussão

1. Anote em cada exemplo a temperatura inicial e a temperatura final e determine a variação de temperatura.
2. Indique em cada exemplo realizado se o processo é exotérmico ou endotérmico.
3. Conforme as variações de temperatura observadas, coloque os resultados em ordem crescente de efeito térmico.
4. Discuta os resultados obtidos. Quais combinações de líquidos apresentam maior variação de temperatura?

PARTE B:
ENTALPIA DE SOLUBILIZAÇÃO/CRISTALIZAÇÃO [duração: 30-40 min]

Introdução

No estado sólido, as partículas (átomos, moléculas ou íons) encontram-se associadas de forma ordenada, em um arranjo denominado *retículo cristalino*. A estabilidade do retículo é dada pelas forças de interação entre as partículas. Essas forças são maiores no caso de sais, correspondendo à atração eletrostática entre *cátions* (partículas com carga positiva) e *ânions* (partículas com carga negativa). Ao se dissolver um sólido em um solvente, as partículas são separadas e passam a interagir com as moléculas do solvente (*solvatação*). O efeito térmico do processo de solubilização depende das entalpias relativas do retículo cristalino e da solvatação. Se a entalpia gerada pela solvatação exceder a entalpia necessária para romper o retículo, o processo é exotérmico (observamos um aumento de temperatura na dissolução). Se a entalpia gerada pela solvatação for inferior àquela necessária para romper o retículo, o processo será endotérmico (observamos um abaixamento de temperatura).

A água é um excelente solvente para sais. Em consequência de sua natureza polar, as moléculas de água interagem fortemente com os íons (hidratação). A solubilização de um sal em água pode ser representada da seguinte maneira:

$$C^+A^-_{sólido} + n\, H_2O \longrightarrow C^+_{hidratado} + A^-_{hidratado}$$
$$\text{ou}\quad CA_{(s)} + n\, H_2O_{(l)} \longrightarrow C^+_{(aq)} + A^-_{(aq)}$$

onde C^+ e A^- representam os cátions e ânions respectivamente.

Nesse caso, o efeito térmico da solubilização resulta da diferença entre a entalpia do retículo cristalino e as entalpias de hidratação do cátion e do ânion.

Parte B-I Entalpia de solubilização ou hidratação de substâncias sólidas

Reagentes específicos (sólidos)

- Açúcar
- Ureia
- Cloreto de sódio
- Cloreto de potássio
- Cloreto de amônio
- Cloreto de cálcio anidro
- Nitrato de sódio
- Nitrato de potássio
- Nitrato de amônio
- Carbonato de sódio anidro
- Carbonato de sódio hidratado
- Sulfato de sódio anidro
- Sulfato de potássio
- Sulfato de amônio
- Tiossulfato de sódio

Procedimento

1. Coloque 3 mL de água destilada em um tubo de ensaio.
2. Insira um termômetro e anote a temperatura da água.
3. Retire o termômetro e dissolva rapidamente, com agitação, 0,5 g de uma das substâncias relacionadas.
4. Insira o termômetro novamente e observe a variação de temperatura durante 1 minuto.
5. Repita o mesmo procedimento com algumas das substâncias relacionadas e indicadas pelo instrutor.

- Recomenda-se pesquisar o efeito térmico da solubilização nas seguintes séries:

    $NaCl$ - KCl - NH_4Cl - $CaCl_2$
    $NaNO_3$ - KNO_3 - NH_4NO_3
    Na_2CO_3 anidro - Na_2CO_3 hidratado
    Na_2SO_4 - K_2SO_4 - $(NH_4)_2SO_4$
    $NaCl$ - $NaNO_3$
    KCl - KNO_3
    NH_4Cl - NH_4NO_3

Discussão

1. Anote em cada exemplo a temperatura inicial, a temperatura final e a variação de temperatura.
2. Indique, em cada exemplo realizado, se o processo é exotérmico ou endotérmico.
3. Conforme as variações de temperatura observadas, coloque os resultados em ordem crescente de efeito térmico.
4. Compare e discuta os resultados; por exemplo, a diferença entre a entalpia de solubilização de um sal anidro e o correspondente sal hidratado (por exemplo, carbonato de sódio anidro e hidratado) ou mudanças sistemáticas nas séries $NaCl$ - KCl - NH_4Cl - $CaCl_2$ ou $NaNO_3$ - KNO_3 - NH_4NO_3 ou Na_2SO_4 - K_2SO_4 - $(NH_4)_2SO_4$ ou $NaCl$ - $NaNO_3$ ou NH_4Cl - NH_4NO_3.

Parte B-II Entalpia de cristalização

Reagentes e materiais específicos

- Tiossulfato de sódio sólido
- Banho-maria

Procedimento

1. Dissolva em um tubo de ensaio 3,5 g de tiossulfato de sódio ($Na_2S_2O_3 \cdot 5\,H_2O$) em 1 mL de água destilada, com aquecimento em banho-maria.
2. Após a completa dissolução do sólido, resfrie o tubo com água de torneira.
3. Quando a solução tiver alcançado a temperatura ambiente, insira um termômetro. Observe o início da cristalização e a mudança de temperatura relacionada com a cristalização (a cristalização pode ser induzida adicionando-se alguns pequenos cristais de tiossulfato de sódio).

Observação: O procedimento pode ser repetido várias vezes com a mesma amostra.

Descarte de resíduos dos experimentos B-I e B-II

Todas as soluções podem ser despejadas na pia após diluição com bastante água.

Discussão

- Escreva a equação correspondente aos processos de solubilização e cristalização do tiossulfato de sódio, conforme experimentos B-I e B-II.
- Nesse caso, de que forma as entalpias de solubilização e de cristalização estão relacionadas?

PARTE C:
ENTALPIA DE REAÇÕES QUÍMICAS [duração: 20-30 min]

Parte C-I Reações de neutralização

Reagentes específicos

- Ácido clorídrico (HCl) diluído na proporção 1:10 (1,0 mol/L)
- Ácido sulfúrico (H_2SO_4) diluído na proporção 1:17 (1,0 mol/L)
- Ácido nítrico (HNO_3) diluído na proporção 1:14 (1,0 mol/L)
- Hidróxido de sódio (NaOH) 40 g/L (1,0 mol/L)

Procedimento

1. Coloque 2,5 mL de um dos ácidos indicados em um tubo de ensaio.
2. Insira um termômetro e anote a temperatura do líquido.
3. Adicione exatamente 2,0 mL de solução hidróxido de sódio (1,0 mol/L), agite e observe a temperatura da mistura.
4. Repita o mesmo procedimento com os outros ácidos indicados.

Discussão

1. Anote em cada caso realizado a temperatura inicial, a temperatura final e a variação de temperatura observada.
2. Há uma diferença significativa entre os três ácidos?
3. A reação de neutralização corresponde a um processo exotérmico ou endotérmico?
4. Apresente as equações químicas completas para todas as reações realizadas, descrevendo apenas os íons que efetivamente participam das reações.

Parte C-II Reações de metais com ácidos ou bases

Reagentes específicos

- Ácido clorídrico (HCl) diluído na proporção 1:3
- Solução de hidróxido de sódio (NaOH) 100 g/L
- Palha de aço (Bombril ou semelhante)
- Lâmina de alumínio (papel-alumínio)

Procedimento

- Parte (a): Reação de ferro com ácido clorídrico
    1. Coloque 5 mL do ácido clorídrico em um tubo de ensaio.
    2. Insira um termômetro e anote a temperatura do líquido.
    3. Adicione um chumaço de palha de aço, deslocando-o cuidadosamente até o fundo do tubo, com a ajuda de um bastão de vidro.
    4. Observe a reação e a variação de temperatura durante 3 min. Se a reação se tornar muito violenta, retire o termômetro e dilua o conteúdo do tubo rapidamente com bastante água.

- Parte (b): Reação de alumínio com hidróxido de sódio
    1. Coloque 5 mL da solução de hidróxido de sódio em um tubo de ensaio.
    2. Insira um termômetro e anote a temperatura do líquido.
    3. Adicione um pedaço de papel-alumínio, amassado em forma de bolinha.
    4. Observe a reação e a variação de temperatura durante 3 min. Se a reação se tornar muito violenta, retire o termômetro e dilua o conteúdo do tubo rapidamente com bastante água.

Discussão

1. Descreva as reações observadas.
2. Apresente as equações químicas completas para as reações observadas.
3. Comente o efeito térmico observado.

Parte C-III Reação de carbonato de cálcio com ácidos

Reagentes específicos

- Ácido clorídrico (HCl) diluído na proporção 1:3
- Calcário ou mármore granulado

Procedimento

1. Coloque 5 mL do ácido clorídrico em um tubo de ensaio.
2. Insira um termômetro e anote a temperatura do líquido.
3. Adicione um pouco de calcário ou mármore granulados.
4. Observe a reação e a variação de temperatura durante 3 minutos. Se a reação se tornar muito violenta, retire o termômetro e dilua o conteúdo do tubo com bastante água.

Discussão

1. Descreva as reações observadas.
2. Apresente as equações químicas completas para as reações observadas.
3. Comente o efeito térmico observado.

Parte C-IV Reações de precipitação

Reagentes específicos (soluções)

- Sulfato de sódio (Na_2SO_4), 142 g/L (1,0 mol/L)
- Cloreto de bário ($BaCl_2$), 208 g/L (1,0 mol/L)
- Carbonato de sódio (Na_2CO_3), 106 g/L (1,0 mol/L)
- Cloreto de cálcio ($CaCl_2$), 111 g/L (1,0 mol/L)
- Cloreto de magnésio ($MgCl_2 \cdot 6H_2O$), 203 g/L (1,0 mol/L)

Procedimento

1. Coloque 2,5 mL da solução de sulfato de sódio 1,0 mol/L em um tubo de ensaio.
2. Insira um termômetro e anote a temperatura do líquido.
3. Adicione 2,5 mL da solução de cloreto de bário, agite a mistura e observe a variação de temperatura e mudanças físicas na mistura.
4. Repita o mesmo procedimento com as seguintes combinações:
   a) 2,5 mL da solução de carbonato de sódio 1,0 mol/L e 2,5 mL da solução de cloreto de magnésio 1,0 mol/L.
   b) 2,5 mL da solução de carbonato de sódio 1,0 mol/L e 2,5 mL da solução de cloreto de cálcio 1,0 mol/L.

Descarte de resíduos dos experimentos C-I a C-IV

- Os resíduos contendo sais de bário (experimento C-IV) devem ser depositados em um recipiente específico para coleta de resíduos inorgânicos.
- As outras soluções podem ser despejadas na pia, após diluição com bastante água.
- Os resíduos sólidos (experimentos C-II e C-III) devem ser jogados na lata de lixo.

Discussão

1. Anote, em cada caso realizado, a temperatura inicial, a temperatura final e a variação de temperatura observada.
2. Indique em cada exemplo realizado se o processo é exotérmico ou endotérmico.
3. Comente os efeitos térmicos observados.
4. Apresente equações químicas para todas as reações observadas.

ROTEIRO 5

ESTUDO DA VELOCIDADE DE REAÇÕES QUÍMICAS

OBJETIVO

- Demonstrar alguns aspectos fundamentais da cinética de reações químicas, especialmente o efeito da concentração dos reagentes e da temperatura sobre a velocidade das reações químicas.

INTRODUÇÃO

A velocidade de uma reação química homogênea pode ser definida como a variação da concentração de um dos reagentes (dx) ou de um dos produtos (dy) por unidade de tempo (dt):

$$\text{velocidade} = -dx/dt \quad \text{ou} \quad dy/dt$$

A escolha de uma ou outra equação depende da facilidade de se monitorar experimentalmente a concentração de um determinado reagente ou produto.

Assim como a velocidade de um objeto em movimento está associada ao tempo que o objeto precisa para percorrer uma determinada distância, a velocidade de uma reação química pode ser avaliada pelo tempo transcorrido para que uma determinada quantidade de reagente seja consumida ou uma determinada quantidade de produto seja formada.

A *reação de Landolt*, também conhecida como a "reação do relógio de iodo", foi publicada em 1886 e continua sendo, até hoje, um dos exemplos mais adequados para demonstrar alguns aspectos fundamentais da cinética de reações químicas. Trata-se da reação entre os íons bissulfito e iodato em meio ácido, com formação de iodo. Na realidade, o mecanismo dessa reação não é trivial, envolvendo várias etapas com velocidades distintas, durante as quais espécies intermediárias são formadas e posteriormente consumidas. Todavia é possível representar a reação de Landolt por um conjunto de três equações básicas, vistas a seguir.

Inicialmente, o bissulfito (HSO_3^-) reage lentamente com iodato (IO_3^-), formando bissulfato (HSO_4^-) e iodeto (I^-):

$$3\,HSO_3^- + IO_3^- \xrightarrow{lento} 3\,HSO_4^- + I^- \quad (5\text{-}1)$$

À medida que o iodeto vai sendo formado lentamente, este reage rapidamente com o iodato, ainda presente em grande quantidade, gerando iodo elementar (I_2):

$$IO_3^- + 5\,I^- + 6\,H^+ \xrightarrow{rápido} 3\,I_2 + 3\,H_2O \quad (5\text{-}2)$$

Enquanto houver bissulfito na solução, este consumirá imediatamente o iodo formado, produzindo novamente iodeto:

$$HSO_3^- + I_2 + H_2O \xrightarrow{muito\ rápido} HSO_4^- + 2\,I^- + 3\,H^+ \quad (5\text{-}3)$$

De acordo com essa proposta mecanística, o iodo somente será observado quando todo o bissulfito tiver sido consumido.

O tempo transcorrido a partir do momento da mistura dos reagentes (bissulfito e iodato) até o aparecimento do iodo é um parâmetro de fácil medição, o qual permite avaliar como a velocidade da reação de Landolt pode variar sob diferentes condições experimentais. Uma concentração mínima de iodo poderá ser sensivelmente detectada se houver amido presente no meio reacional, pois há formação de um complexo de intensa coloração azul.

Assim, nesse experimento, será observado o tempo necessário para a formação de iodo na reação de Landolt, variando-se a concentração dos reagentes e a temperatura.

LEITURA RECOMENDADA

Química Geral: velocidade de reações químicas, cinética química.

PARTE EXPERIMENTAL [duração: aprox. 90 min]

Materiais e reagentes

- Cronômetro
- Banho-maria
- Termômetro
- Uma proveta graduada de 100 mL
- Dois Erlenmeyer de 200 mL
- Gelo triturado
- Iodato de potássio (KIO_3)
- Sulfito de sódio (Na_2SO_3)
- Ácido sulfúrico concentrado (H_2SO_4)
- Etanol
- Amido solúvel
- Iodeto de mercúrio (HgI_2)

> Atenção: os compostos de mercúrio são tóxicos. Portanto, o iodeto de mercúrio deve ser manipulado com o devido cuidado, evitando-se que espalhe.

Preparação de soluções

Observação: a eventual presença de impurezas nas vidrarias e/ou soluções pode comprometer o bom desempenho do experimento.

- *Solução I*: 1 g de amido solúvel em 500 mL de água *destilada* fria (mistura-se 1 g de amido solúvel com 20 mL de água destilada fria, adiciona-se essa mistura a 500 mL de água destilada fervendo, com agitação, deixa-se esfriar, decanta-se e adicionam-se 5 mg de iodeto de mercúrio para evitar a formação de fungos).
- *Solução II*: (deve ser preparada com, no máximo, 24 horas de antecedência): 8,0 g de ácido sulfúrico concentrado, 20 mL de etanol e 2,32 g de sulfito de sódio, dissolvidos em 2 L de água *destilada*.
- *Solução III*: 8,6 g de iodato de potássio em 2 L de água *destilada*.

Procedimento

PARTE A:
PROCEDIMENTO PADRÃO

1. Coloque num Erlenmeyer 100 mL de água destilada, 5 mL da solução I e 20 mL da solução II. Misture bem a solução resultante.
2. Observe a temperatura da solução.
3. Com o auxílio de outra pessoa, adicione rapidamente e com agitação forte 20 mL da solução III e, ao mesmo tempo, dispare o cronômetro.
4. Mantenha a mistura sob agitação e aguarde atentamente o momento em que aparece a coloração azul na solução.
5. Pare o cronômetro nesse momento e anote o tempo de reação.

PARTE B:
EFEITO DA CONCENTRAÇÃO DOS REAGENTES

1. Repita o procedimento A, utilizando apenas 50 mL de água destilada na mistura com as soluções I e II.
2. Repita o procedimento A, utilizando 150 mL de água destilada na mistura com as soluções I e II.

PARTE C:
EFEITO DA TEMPERATURA

1. Repita o procedimento A, utilizando 100 mL de água destilada *gelada* na mistura com as soluções I e II, e mantenha a solução sobre um banho de gelo durante a reação.
2. Repita o procedimento A, utilizando 100 mL de água destilada quente (não superior a 40 °C) na mistura com as soluções I e II.

Descarte de resíduos

- As soluções residuais podem ser despejadas na pia.

Discussão

1. Qual é a função do amido: catalisador, indicador, oxidante ou redutor?
2. Relate e justifique o efeito da variação da temperatura sobre a velocidade da reação estudada.
3. Relate e justifique o efeito da variação da concentração dos reagentes sobre a velocidade da reação estudada.
4. Calcule o consumo de reagentes químicos para uma turma de 40 alunos, supondo que os experimentos sejam realizados por grupos de quatro alunos.
5. Calcule o custo total dos reagentes químicos para as condições indicadas.

Preços aproximados (em dólar) dos reagentes utilizados no mercado dos Estados Unidos (os preços dos reagentes no mercado brasileiro estão sujeitos a muitas variações):

amido solúvel	100 g	6 dólares
etanol p.a.	1 L	20 dólares
iodato de potássio p.a. KIO_3	100 g	20 dólares
sulfito de sódio p.a. Na_2SO_3	500 g	15 dólares
ácido sulfúrico concentrado p.a. H_2SO_4 (d = 1,84 g/mL)	500 mL	35 dólares

DEMONSTRAÇÃO DE UMA REAÇÃO OSCILANTE
(reação de Briggs-Rauscher) [duração: aprox. 20 min]

Este experimento deve ser realizado pelo instrutor na forma de demonstração.

Material e reagentes

- Erlenmeyer de 200 mL
- Proveta graduada de 100 mL
- Agitador magnético
- Iodato de potássio (KIO_3)
- Ácido malônico ($HOOCCH_2COOH$)
- Sulfato de manganês mono-hidratado ($MnSO_4 \cdot H_2O$)
- Peróxido de hidrogênio (H_2O_2) diluído na proporção 1:2
- Ácido sulfúrico (H_2SO_4) diluído na proporção 1:17
- Amido solúvel

Preparação de soluções

Solução A: dissolve-se 1,60 g de iodato de potássio em 100 mL de água destilada e acrescentam-se 10 mL de ácido sulfúrico diluído na proporção 1:17.

Solução B: dissolve-se 1,0 g de ácido malônico e 1,5 g de sulfato de manganês mono-hidratado em 100 mL de água destilada e acrescentam-se 10 mL de solução de amido 2 g/L (a ser preparada conforme instruções indicadas anteriormente).

Procedimento

1. Misturam-se num frasco de Erlenmeyer 30 mL da solução A e 30 mL da solução B.
2. Mantém-se a mistura sob agitação, utilizando-se um agitador magnético, e acrescentam-se 35 mL do peróxido de hidrogênio.
3. Observam-se as mudanças na solução durante um tempo.

Após um período inicial de aproximadamente 1 minuto, a solução torna-se azul e, logo em seguida, novamente incolor. A coloração da solução permanece oscilando por cerca de 10 minutos, com uma frequência cada vez menor, até que a solução se torne permanentemente azul.

Descarte de resíduos

- A solução residual, após diluição, pode ser despejada na pia.

BIBLIOGRAFIA

1. Briggs, T. S., Rauscher, W. C., *J. Chem. Educ.*, 1973, 50, 496.
2. Shakashiri, B. C., *Chemical Demonstrations*. University of Wisconsin Press, Madison, 1985.
3. Roesky, H. W., Möckel, K., *Chemical Curiosities*. VCH, Weinheim, 1996.

ROTEIRO 6

ESTUDO DE CATÁLISE: DECOMPOSIÇÃO CATALÍTICA DE PERÓXIDO DE HIDROGÊNIO

OBJETIVOS

- Conhecer o fenômeno de catálise (homogênea, heterogênea e enzimática).
- Verificar o efeito catalítico de diversas substâncias sobre a decomposição do peróxido de hidrogênio.

INTRODUÇÃO

O termo *catálise* foi introduzido pelo químico sueco Jöns Jakob Berzélius no início do século XVIII, quando observou que certas substâncias exibiam um efeito acelerador (ou catalítico) sobre diversas reações químicas. Tais substâncias foram chamadas *catalisadores*. Na presença de um catalisador, uma reação química pode ocorrer até um milhão de vezes mais rápido. Dessa maneira, muitas reações extremamente lentas tornam-se viáveis em presença de catalisadores, obtendo-se altos rendimentos dos respectivos produtos em curto tempo. Substâncias que inibem a função dos catalisadores são chamadas de *inibidores*.

Alguns catalisadores, por exemplo, ácidos e bases, exibem efeito catalítico sobre uma grande diversidade de reações químicas. Os mais apreciados, entretanto, são os *catalisadores específicos*, que aceleram apenas uma determinada reação, sem afetar outras.

Geralmente, basta adicionar uma pequena quantidade de um catalisador ao sistema reacional para obter um efeito significativo. Portanto, nesses casos, os catalisadores não participam estequiometricamente nas reações químicas catalisadas, podendo ser recuperados inalterados posteriormente.

De um modo geral, o catalisador forma uma espécie intermediária ativada com a molécula de um dos reagentes, incrementando a sua reatividade. Após a formação do produto final, o catalisador é regenerado e pode atuar novamente com outras moléculas do reagente:

reação normal: $\quad A + B \rightleftharpoons C \quad$ (lenta)
reação catalisada: $\quad A + \text{cat} \rightleftharpoons \text{cat}A^*$
$\quad \text{cat}A^* + B \rightleftharpoons C + \text{cat} \quad$ (rápida)

(A e B = reagentes; C = produto; cat = catalisador; catA^* = espécie ativada)

De acordo com a *teoria das colisões*, para que uma reação química ocorra é necessário haver colisões entre as partículas dos reagentes com uma energia mínima. Essa energia mínima, denominada de *energia de ativação*, é característica de cada reação e representa a barreira energética que deve ser ultrapassada, a fim de que a reação ocorra. Quando se adiciona um catalisador a uma reação, cria-se um novo caminho para a reação, com uma barreira de energia de ativação inferior (veja a Figura 6-1). A uma determinada temperatura, numa reação que ocorre em presença de um catalisador, a fração de colisões efetivas é maior do que uma reação não catalisada. Assim, mais partículas podem vencer essa nova barreira de energia mais baixa em um determinado intervalo de tempo, resultando em um aumento na velocidade da reação.

Na *catálise homogênea*, o catalisador encontra-se na mesma fase dos reagentes, seja uma reação em meio líquido ou em fase gasosa. Por exemplo, as reações de esterificação são catalisadas por ácidos que são solúveis no meio reagente:

$$\underset{\text{ácido carboxílico}}{RCOOH} + \underset{\text{álcool}}{R'OH} \xrightarrow{H^+} \underset{\text{éster}}{RCOOR'} + H_2O$$

Observe que o próton que catalisa a reação não altera a estequiometria desta, ou seja, não aparece incorporado aos produtos.

Muitas vezes o mecanismo de uma reação sob catálise homogênea envolve a formação de um *composto intermediário* definido. Assim, o monóxido de nitrogênio catalisa a oxidação

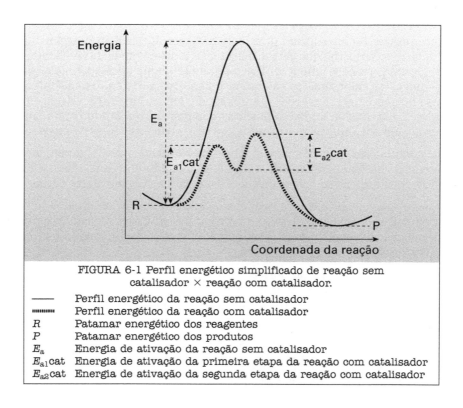

FIGURA 6-1 Perfil energético simplificado de reação sem catalisador × reação com catalisador.

———	Perfil energético da reação sem catalisador
··········	Perfil energético da reação com catalisador
R	Patamar energético dos reagentes
P	Patamar energético dos produtos
E_a	Energia de ativação da reação sem catalisador
$E_{a1}cat$	Energia de ativação da primeira etapa da reação com catalisador
$E_{a2}cat$	Energia de ativação da segunda etapa da reação com catalisador

de dióxido de enxofre com oxigênio para trióxido de enxofre, com a formação intermediária de dióxido de nitrogênio:

$$\begin{array}{lc} \text{etapa 1} & 2\,NO + O_2 \longrightarrow 2\,NO_2 \\ \text{etapa 2} & 2\,NO_2 + 2\,SO_2 \longrightarrow 2\,NO + 2\,SO_3 \\ \hline \text{reação global} & 2\,SO_2 + O_2 \xrightarrow{NO} 2\,SO_3 \end{array}$$

Na *catálise heterogênea*, as reações ocorrem geralmente na superfície de um catalisador sólido (metais de transição, óxidos de metais de transição e outros). Os mecanismos da catálise heterogênea são bastante complexos e nem sempre bem compreendidos. De um modo geral, a catálise heterogênea ocorre por intermédio da adsorção e ativação das moléculas de um reagente em determinados *sítios ativos* na superfície do catalisador, facilitando, assim, a reação com outro reagente. A eficiência da catálise heterogênea depende, entre outros fatores, da área superficial e do número de sítios ativos existentes na superfície do catalisador. Muitos processos industriais realizados em larga escala envolvem esse tipo de catálise. Por exemplo, na síntese industrial de amônia (NH_3) pelo processo Haber, um insumo básico para a produção de fertilizantes nitrogenados, utiliza-se ferro metálico (Fe) como catalisador:

$$N_2 + 3\,H_2 \xrightarrow{Fe} 2\,NH_3 \quad \text{(fase gasosa)}$$

Numa etapa fundamental da produção industrial de ácido sulfúrico, a oxidação do dióxido de enxofre é catalisada por óxido de vanádio (V) sólido:

$$2\,SO_2 + O_2 \xrightarrow{V_2O_5} 2\,SO_3 \quad \text{(fase gasosa)}$$

Na *catálise enzimática*, proteínas com elevada seletividade para determinadas reações no metabolismo de sistemas biológicos atuam como catalisadores. Tais proteínas com atividade catalítica são chamadas de *enzimas*.

A catálise enzimática é aproveitada em processos industriais que empregam biotecnologia, onde tanto enzimas isoladas como microorganismos podem ser utilizados. Assim, glicose é produzida em escala industrial a partir de amido, mediante um processo catalisado pela enzima glucoamilase, isolada do fungo *Aspergillus niger*. Já, o ácido cítrico, utilizado na indústria de alimentos e bebidas, é produzido a partir de glicose na presença do fungo *Aspergillus niger* (fermentação cítrica).

A *autocatálise* é verificada quando um dos produtos formados catalisa a própria reação. Nesse caso, a velocidade da reação aumenta após um período de indução. Um exemplo é a oxidação de ácido oxálico com permanganato, onde o Mn^{2+} catalisa a reação:

$$5\,H_2C_2O_4 + 2\,MnO_4^- + 6\,H^+ \rightleftharpoons 10\,CO_2 + 2\,Mn^{2+} + 8\,H_2O,$$

LEITURA RECOMENDADA

Química Geral: cinética de reações químicas e catálise.

PARTE EXPERIMENTAL

Introdução

O princípio da experiência consiste em observar o efeito de diversas substâncias e materiais, tais como sólidos inorgânicos, substâncias inorgânicas em solução, vegetais e carnes frescas, sobre a decomposição do peróxido de hidrogênio (água oxigenada) em meio aquoso.

A decomposição do peróxido de hidrogênio ocorre de acordo com a seguinte equação química:

$$2 H_2O_2 \xrightleftharpoons{cat} 2 H_2O + O_2 \uparrow$$

A velocidade dessa reação pode ser facilmente avaliada pela intensidade de desprendimento de oxigênio (bolhas de gás).

Cabe ressaltar que oxidantes fortes reagem com peróxido de hidrogênio produzindo oxigênio, por exemplo:

$$H_2O_2 + Cl_2 \rightleftharpoons 2 HCl + O_2 \uparrow$$

Nesse caso, não se trata de uma reação catalisada, mas sim de uma reação estequiométrica, já que o cloro é consumido pela reação.

Material e reagentes de uso geral

- Doze tubos de ensaio
- Estante para tubos de ensaio
- Espátula
- Pipeta conta-gotas
- Faca ou canivete
- Bico de Bunsen
- Solução de peróxido de hidrogênio diluído na proporção 1:5
- Solução de peróxido de hidrogênio diluído na proporção 1:2

Atenção:
O peróxido de hidrogênio é uma substância perigosa e agressiva (oxidante forte), devendo ser manuseado com as devidas precauções:
- guardar em recipiente de plástico na geladeira;
- evitar o contato com a pele;
- evitar o contato com substâncias combustíveis ou oxidáveis.

PARTE A:
CATÁLISE HETEROGÊNEA [duração: 20-30 min]

Reagentes específicos

- Dióxido de manganês (MnO_2)
- Dióxido de chumbo (PbO_2)
- Dióxido de estanho (SnO_2)
- Óxido de alumínio (Al_2O_3)
- Óxido de ferro(III) (Fe_2O_3)
- Outros óxidos sólidos insolúveis, a critério do professor

Procedimento

1. Prepare cinco tubos de ensaio secos em uma estante adequada e rotule cada tubo com a fórmula ou nome químico do respectivo sólido a ser utilizado.
2. Em cada tubo de ensaio, coloque alguns miligramas do sólido correspondente.
3. Adicione a cada um dos tubos 2 a 3 mL da solução de peróxido de hidrogênio 1:5 e agite.
4. Descreva os efeitos observados após a adição do peróxido de hidrogênio (borbulhamento de oxigênio, desprendimento de calor etc.).

Descarte dos resíduos

- Os resíduos sólidos devem ser depositados num recipiente destinado para coleta de resíduos inorgânicos sólidos.

Discussão

1. Quais das substâncias sólidas pesquisadas catalisam a decomposição do peróxido de hidrogênio?
2. Alguma das substâncias sólidas sofreu mudança visível?

PARTE B:
CATÁLISE HOMOGÊNEA [duração: 20-30 min]

Reagentes específicos

- Solução de hidróxido de sódio (NaOH), 100 g/L
- Ácido sulfúrico diluído na proporção 1:10
- Solução de permanganato de potássio ($KMnO_4$), 20,0 g/L
- Solução de dicromato de potássio ($K_2Cr_2O_7$), 50,0 g/L
- Solução de sulfato de cobre ($CuSO_4 \cdot 5H_2O$), 49,9 g/L
- Solução de iodeto de potássio (KI), 50,0 g/L

Procedimento

1. Prepare seis tubos de ensaio lavados em uma estante adequada e rotule cada tubo com a fórmula ou nome químico da respectiva solução a ser utilizada:
   a) hidróxido de sódio;
   b) ácido sulfúrico diluído;
   c) ácido sulfúrico + iodeto de potássio;
   d) ácido sulfúrico + permanganato de potássio;
   e) ácido sulfúrico + dicromato de potássio;
   f) ácido sulfúrico + sulfato de cobre.
2. Coloque 2 a 3 mL da solução de peróxido de hidrogênio 1:5 em cada um dos tubos.
3. Em cada tubo, adicione algumas gotas da solução correspondente, agite rapidamente e, em seguida, deixe os tubos em repouso.
4. Descreva os efeitos observados.

Descarte dos resíduos

- Ao terminar os experimentos, o conteúdo dos tubos deve ser diluído com água e despejado na pia.

Discussão

1. Indique as substâncias que exibem apenas efeito catalítico sobre a decomposição do peróxido de hidrogênio sem sofrer alterações visíveis.
2. Indique as substâncias que sofreram mudanças visíveis, sendo consumidas pela reação com peróxido de hidrogênio (portanto, essas substâncias não são catalisadores).

PARTE C:
CATÁLISE ENZIMÁTICA [duração: 30-40 min]

Materiais específicos

- Polpa fresca, raspada ou picada, de mamão, manga, maracujá, laranja, maçã, tomate, batata, cenoura, beterraba etc.
- Um pouco de fermento fresco
- Um pedaço de fígado fresco
- Um pedaço de carne fresca
- Um pouco de sangue fresco

Procedimento

1. Selecione seis dos seguintes materiais:
   - polpa fresca raspada ou picada de mamão, manga, maracujá, laranja, maçã, tomate, batata, cenoura etc;
   - fermento fresco;
   - carne fresca ou fígado fresco, picado;
   - algumas gotas de sangue fresco.
2. Prepare doze tubos de ensaio lavados em uma estante adequada e rotule cada par de tubos com o mesmo nome do material a ser utilizado.
3. Coloque em cada par de tubos, uma pequena amostra do material correspondente.
4. Acrescente 2 a 3 mL de água a cada um dos tubos e agite.
5. Aqueça brevemente uma amostra de cada par até ferver e, em seguida, esfrie à temperatura ambiente.
6. Adicione algumas gotas da solução de peróxido de hidrogênio 1:2 a todos os tubos, agite brevemente e, em seguida, deixe os tubos em repouso.
7. Observe o desprendimento de bolhas de oxigênio nas diversas amostras durante 10 minutos.

Descarte de resíduos

- Restos de vegetais e carnes devem ser recolhidos em um saco de lixo.

Discussão

1. Compare a atividade enzimática dos diversos materiais sobre a decomposição do peróxido de hidrogênio, colocando os materiais pesquisados em ordem de sua atividade.
2. Qual é o efeito do aquecimento sobre a atividade enzimática? Qual a razão do efeito observado?

Observação: a enzima *catalase* é encontrada em células vegetais ou animais. A função dessa enzima é eliminar o peróxido de hidrogênio formado como produto intermediário no metabolismo celular.

ROTEIRO

ESTUDO DE ÁCIDOS E BASES EM MEIO AQUOSO

OBJETIVOS

- Apoiar a aprendizagem do conceito de ácidos e bases, por meio de experimentos simples em meio aquoso.

- Identificar substâncias ácidas e básicas, mediante o uso de indicadores ácido-base em meio aquoso.

- Relacionar o caráter ácido ou básico das soluções aquosas com a constituição molecular das espécies envolvidas.

- Reconhecer reações de neutralização entre ácidos e bases.

INTRODUÇÃO

Entre os diversos conceitos de ácidos e bases, aquele proposto por Johannes Brönsted e Thomas Lowry, em 1923, é um dos mais versáteis e práticos. Segundo Brönsted e Lowry, *ácidos* (também chamados de *protólitos*) são substâncias ou partículas capazes de *ceder* cátions H^+ (prótons) e as *bases* são substâncias ou partículas capazes de *aceitar* cátions H^+ (prótons). Portanto *reações ácido-base* são reações químicas que envolvem a *transferência de prótons*. Geralmente as reações ácido-base simples são reversíveis, atingindo rapidamente um estado de equilíbrio.

Em uma reação ácido-base estão envolvidos dois pares de ácidos e bases *conjugados* (AH e A⁻) e (BH⁺ e B); em cada par, as espécies diferem entre si por um próton (H^+):

$$\underset{\text{ácido 1}}{AH} + \underset{\text{base 2}}{B} \rightleftharpoons \underset{\text{base 1}}{A^-} + \underset{\text{ácido 2}}{BH^+} \qquad (7\text{-}1)$$

Em meio aquoso, as moléculas de H_2O podem interagir tanto com ácidos como com bases.

Ácidos transferem um próton para a molécula de H_2O, aumentando assim a concentração de íons hidrônio [H_3O^+]:

$$\underset{\text{ácido 1}}{AH} + \underset{\text{base 2}}{H_2O} \rightleftharpoons \underset{\text{base 1}}{A^-} + \underset{\text{ácido 2}}{H_3O^+} \quad (7\text{-}2)$$

Esse processo é chamado de *dissociação* ou, melhor, *protólise* do ácido em meio aquoso. Exemplo: ácido fluorídrico (HF),

$$\underset{\text{ácido 1}}{HF} + \underset{\text{base 2}}{H_2O} \rightleftharpoons \underset{\text{base 1}}{F^-} + \underset{\text{ácido 2}}{H_3O^+} \quad (7\text{-}2a)$$

A constante de equilíbrio correspondente à Equação 7-2 (K_2) está relacionada à *constante de dissociação do ácido* AH (K_a), cujo valor permite avaliar a força relativa de diferentes ácidos: quanto maior o valor de K_a, mais forte é o ácido AH. Valores de $K_a > 1$ correspondem a ácidos fortes e $K_a < 1$ a ácidos fracos. Em soluções aquosas diluídas, a concentração da água é essencialmente constante ([H_2O] = 55,5 mol/L) e, portanto, esse termo pode ser incorporado à constante de equilíbrio:

$$K_2 = \frac{[A^-][H_3O^+]}{[AH][H_2O]}; \quad K_a = K_2 \cdot [H_2O] = \frac{[A^-][H_3O^+]}{[AH]}$$

Bases retiram um próton da molécula de H_2O, aumentando a concentração de íons hidróxido [OH^-] e, consequentemente, diminuindo a concentração de íons hidrônio [H_3O^+]:

$$\underset{\text{base 1}}{B} + \underset{\text{ácido 2}}{H_2O} \rightleftharpoons \underset{\text{ácido 1}}{BH^+} + \underset{\text{base 2}}{OH^-} \quad (7\text{-}3)$$

Esse processo é chamado de *dissociação* da base em meio aquoso (mas é óbvio, que se trata efetivamente de uma associação e não de uma dissociação). Exemplo: amônia (NH_3).

$$\underset{\text{amônia}}{NH_3} + H_2O \rightleftharpoons \underset{\text{cátion amônio}}{NH_4^+} + OH^- \quad (7\text{-}3a)$$

A constante de equilíbrio correspondente à Equação 7-3 (K_3) está relacionada à *constante de dissociação da base* B (K_b), cujo valor permite avaliar a força relativa de diferentes bases: quanto maior o valor de K_b, mais forte é a base B. Valores de $K_b > 1$ correspondem a bases fortes e $K_b < 1$ a bases fracas:

$$K_3 = \frac{[BH^+][OH^-]}{[B][H_2O]}; \quad K_b = K_3 \cdot [H_2O] = \frac{[BH^+][OH^-]}{[B]}$$

Evidentemente, o comportamento ácido-base da água é ambíguo: frente a ácidos comporta-se como base (Equação 7-2) e, frente a bases, comporta-se como ácido (Equação 7-3). Espécies que apresentam esse comportamento são chamadas *anfóteras* ou *anfipróticas*.

Somando-se as equações (2) e (3), obtém-se a seguinte expressão, que representa a *autodissociação da água*:

$$2\,H_2O \rightleftharpoons H_3O^+ + OH^- \qquad (7\text{-}4)$$

A constante de equilíbrio correspondente à Equação 7-4 (K_4) tem um valor igual a $1{,}8 \cdot 10^{-16}$ a 25 °C. O chamado produto iônico da água, K_w, tem um valor igual a $1{,}27 \cdot 10^{-14}$ a 25 °C

$$K_4 = \frac{[H_3O^+][OH^-]}{[H_2O]^2}; \qquad K_w = K_4 \cdot [H_2O]^2 = [H_3O^+][OH^-]$$

É evidente que, em água pura, a concentração do íon H_3O^+ é igual à do OH^-; portanto, se $K_w \cong 10^{-14}$, então $[H_3O^+] = [OH^-] = 10^{-7}$. Isso define a "neutralidade" na escala de *acidez* ou *basicidade* de soluções aquosas. Se a concentração de H_3O^+ for superior (ou a concentração de OH^- inferior) a 10^{-7}, a solução será ácida; se a concentração de H_3O^+ for inferior (ou a concentração de OH^- superior) a 10^{-7}, a solução será básica.

A acidez de soluções aquosas é indicada em uma escala logarítmica, por um índice denominado *pH*, o qual corresponde ao logaritmo negativo da concentração em quantidade de matéria ou em mol/L de íons hidrônio ($pH = -\log[H_3O^+]$). A escala de *pH* varia entre os valores 0 e 14. Água pura e soluções neutras apresentam um valor de $pH = 7$, soluções ácidas apresentam valores de $pH < 7$ e soluções básicas têm valores de $pH > 7$.

Em solução aquosa, a força de um ácido está relacionada com a força da base conjugada, conforme a expressão:

$$K_a \times K_b = K_w \qquad (7\text{-}5)$$

Isto é, quanto maior a constante ácida K_a, tanto menor a constante básica correspondente K_b, ou seja, um ácido forte gera uma base conjugada fraca e uma base forte gera um ácido conjugado fraco.

Muitos sais, ao serem dissolvidos em água, fornecem soluções que podem ter caráter ácido ou básico em decorrência da interação de seus íons com a água. Alguns íons não exercem efeito apreciável sobre o *pH* do meio, produzindo soluções neutras.

Sais, cujos ânions possuem um átomo de hidrogênio ionizável, podem produzir soluções ácidas. Um exemplo é a solução aquosa de bissulfato de sódio ($NaHSO_4$), cuja acidez pode ser atribuída ao ânion HSO_4^-, que, atuando como um ácido de Brönsted-Lowry, transfere um próton para a água, conforme a equação:

$$\underset{\text{ácido 1}}{HSO_4^-} + \underset{\text{base 2}}{H_2O} \rightleftharpoons \underset{\text{base 1}}{SO_4^{2-}} + \underset{\text{ácido 2}}{H_3O^+} \qquad (7\text{-}6)$$

Já uma solução aquosa de um sal de ferro(III), cromo(III) ou alumínio(III) apresenta caráter ácido, pois os íons Fe^{3+}, Cr^{3+} ou Al^{3+} coordenam-se com moléculas de água formando os hexaquacomplexos $[M(H_2O)_6]^{3+}$, os quais podem doar um próton para uma molécula de água não coordenada:

$$\underset{\text{ácido 1}}{[M(H_2O)_6]^{3+}} + \underset{\text{base 2}}{H_2O} \rightleftharpoons \underset{\text{base 1}}{[M(H_2O)_5(OH)]^{2+}} + \underset{\text{ácido 2}}{H_3O^+} \qquad (7\text{-}7)$$

A maioria dos ânions que não possuem um átomo de hidrogênio ionizável agem como bases de Brönsted-Lowry em meio aquoso, retirando um próton da água e produzindo soluções com caráter básico. Esse é o caso de soluções de sulfetos ou de acetatos de sódio, potássio e outros:

sulfetos $\quad\quad\quad\underset{\text{base 1}}{S^{2-}} + \underset{\text{ácido 2}}{H_2O} \rightleftharpoons \underset{\text{ácido 1}}{HS^-} + \underset{\text{base 2}}{OH^-}$ (7-8a)

acetatos $\quad\quad\underset{\text{base 1}}{CH_3COO^-} + \underset{\text{ácido 2}}{H_2O} \rightleftharpoons \underset{\text{ácido 1}}{CH_3COOH} + \underset{\text{base 2}}{OH^-}$ (7-8b)

Algumas substâncias que não possuem hidrogênio podem dar origem a soluções aquosas com caráter ácido. Nesses casos, a espécie ácida é criada por uma reação primária com a água. A solução aquosa de pentóxido de fósforo (P_2O_5), por exemplo, é ácida porque o P_2O_5 reage com água formando ácido fosfórico (H_3PO_4); por isso, ele é chamado de *anidrido* do ácido fosfórico. O H_3PO_4 formado atua como um ácido de Brönsted-Lowry, transferindo um próton para a água:

$$P_2O_5 + 3\,H_2O \longrightarrow 2\,H_3PO_4 \quad\quad\quad (7\text{-}9a)$$

$$\underset{\text{ácido 1}}{H_3PO_4} + \underset{\text{base 2}}{H_2O} \rightleftharpoons \underset{\text{base 1}}{H_2PO_4^-} + \underset{\text{ácido 2}}{H_3O^+} \quad\quad (7\text{-}9b)$$

Ao se misturar uma solução aquosa ácida com uma solução aquosa básica, verifica-se uma reação química. Reações entre ácidos e bases são chamadas de *reações de neutralização*, expressão introduzida por Robert Boyle em 1663, quando definiu bases como substâncias que "neutralizam" a ação dos ácidos. Mas nem sempre uma reação de neutralização produz uma solução neutra, pois o *pH* da solução final depende das concentrações relativas das espécies envolvidas e da força relativa do ácido e da base.

Indicadores ácido-base são corantes orgânicos, mais especificamente ácidos fracos de composição geral indH, nos quais a cor da forma ácida (indH) é diferente daquela do ânion correspondente (ind⁻). Em meio ácido, predomina a forma ácida (indH) e, em meio básico, a forma básica ou o ânion correspondente (ind⁻) do indicador, de acordo com o seguinte equilíbrio:

$$indH + H_2O \rightleftharpoons ind^- + H_3O^+ \quad\quad\quad (7\text{-}10)$$

Para verificar se uma solução aquosa é ácida ou básica, basta acrescentar algumas gotas de solução muito diluída de um indicador adequado e observar a mudança da sua coloração.

A seguir, alguns exemplos de indicadores ácido-base e as cores das suas respectivas formas ácidas e básicas:

Indicador	Cor da forma ácida (indH)	Cor da forma básica (ind⁻)	pH de viragem
Alaranjado de metila	Vermelho	Alaranjado	4,0
Vermelho de metila	Vermelho	Amarelo	5,8
Verde de bromocresol	Amarelo	Azul	6,8
Azul de bromotimol	Amarelo	Azul	7,1
Fenolftaleína	Incolor	Vermelho-púrpura	8,4
Timolftaleína	Incolor	Azul	10,0

LEITURA RECOMENDADA

Química Geral: ácidos e bases, definição de ácidos e bases de Brönsted-Lowry, reações de neutralização.

PARTE EXPERIMENTAL

Materiais e reagentes

- Tubos de ensaio
- Estante para tubos de ensaio
- Pipetas de Pasteur
- Solução de fenolftaleína 1,0 g/L, em etanol
- Solução do sal sódico de vermelho de metila, 2,0 g/L, em etanol/água (0,540 g de vermelho de metila + 125 mL de etanol + 125 mL de água destilada + 20 mL de solução de hidróxido de sódio 4,00 g/L; agitar a mistura até a completa dissolução do indicador; a cor da solução deve ficar amarela)
- Ácido clorídrico diluído na proporção 1:3
- Solução de hidróxido de sódio (NaOH), 100 g/L

Estudo de ácidos e bases em meio aquoso

Objetos de estudo

Grupo I (substâncias puras)	Grupo II (materiais diversos)
Solução de amônia	Sabão comum ralado
Di-hidrogenofosfato de sódio, NaH_2PO_4	Cimento
Hidrogenofosfato de sódio, Na_2HPO_4	Cinza de lenha
Fosfato de sódio, Na_3PO_4	Leite de magnésia
Cloreto de amônio, NH_4Cl	Água sanitária diluída
Sulfato de sódio, Na_2SO_4	Vinagre
Sulfato de alumínio, $Al_2(SO_4)_3$	Suco de frutas
Carbonato de sódio, Na_2CO_3	Refrigerante
Bicarbonato de sódio, $NaHCO_3$	Comprimido de aspirina
Ácido acético, CH_3COOH	
Ácido bórico, H_3BO_3	
Tetraborato de sódio ("bórax"), $Na_2B_4O_7$	
Silicato de sódio, Na_2SiO_3	
Óxido de cálcio, CaO	
Óxido de magnésio, MgO	

PARTE A:
IDENTIFICAÇÃO DE SUBSTÂNCIAS ÁCIDAS E BÁSICAS [duração: 30-40 min]

Procedimento

1. Prepare soluções diluídas (aproximadamente 5 mL) de pelo menos cinco das substâncias acima indicadas, selecionadas pelo instrutor.
2. Divida cada uma das soluções preparadas em duas partes.
3. Com a primeira parte, verifique se a solução tem caráter básico, adicionando algumas gotas de solução de fenolftaleína.
4. Com a segunda parte, verifique se a solução tem caráter ácido, adicionando algumas gotas de solução de sal sódico de vermelho de metila.

Descarte de resíduos

- Todas as soluções, depois de diluídas com água, podem ser despejadas na pia.

Discussão

1. Identifique o componente ácido ou básico em cada uma das substâncias pesquisadas, conforme a definição de Brönsted-Lowry.
2. Para as soluções básicas, escreva a equação química da reação entre a espécie que atua como base e a água, indicando os pares de ácidos e bases conjugados.
3. Para as soluções ácidas, escreva a equação química da reação entre a espécie que atua como ácido e a água, indicando os pares de ácidos e bases conjugados.

Observação: algumas das substâncias indicadas não evidenciam acidez nem basicidade.

PARTE B:
REAÇÕES DE NEUTRALIZAÇÃO [duração: 15-20 min]

Procedimento

1. Escolha uma das substâncias do grupo I, caracterizada no experimento A como ácida.
2. Coloque 2 a 3 mL de uma solução diluída (ou suspensão) dessa substância num tubo de ensaio.
3. Adicione algumas gotas de solução de vermelho de metila.
4. Observe a cor da solução.
5. Acrescente lentamente e sob agitação, com o auxílio de uma pipeta de Pasteur, a solução de hidróxido de sódio (base forte), até observar a mudança de cor do indicador.
6. Escolha uma das substâncias do grupo I, caracterizada no experimento A como básica.
7. Coloque 2 a 3 mL de uma solução diluída (ou suspensão) dessa substância num tubo de ensaio.
8. Adicione algumas gotas de solução de fenolftaleína.
9. Observe a cor da solução.
10. Acrescente lentamente e sob agitação, com o auxílio de uma pipeta de Pasteur, a solução de ácido clorídrico (ácido forte), até observar a mudança de cor do indicador.

Descarte de resíduos

- Todas as soluções, depois de diluídas com água, podem ser despejadas na pia.

Discussão

1. Explique as mudanças observadas.
2. Apresente as equações químicas correspondentes às reações de neutralização realizadas.

ROTEIRO

ESTUDO DE REAÇÕES DE OXIDAÇÃO-REDUÇÃO EM MEIO AQUOSO

OBJETIVOS

- Apoiar a aprendizagem do conceito de oxidação-redução, por meio do estudo de algumas reações de oxidação-redução em meio aquoso.
- Verificar propriedades oxidantes e redutoras de diversas espécies em meio aquoso.
- Escrever as equações químicas balanceadas das reações realizadas.

INTRODUÇÃO

Os *processos de oxidação-redução* (também chamados de *oxirredução* ou, simplesmente, *processos redox*) representam uma classe muito importante de reações químicas. Por exemplo, a queima de combustíveis convencionais (lenha, carvão, petróleo e seus derivados) corresponde a reações redox. Igualmente, no fundamento de todos os processos metalúrgicos para obtenção industrial de metais estão envolvidas reações redox. Todos os processos eletroquímicos (processos eletrolíticos e pilhas eletroquímicas) são essencialmente reações redox. Em sistemas bioquímicos, reações redox proveem os mecanismos para transferência de energia nos organismos vivos.

Em todas as reações redox ocorre a *transferência de elétrons* entre os reagentes. Por exemplo, na reação do sódio metálico com cloro elementar

$$2\,Na + Cl_2 \rightleftharpoons 2\,NaCl \tag{8-1}$$

o sódio metálico cede um elétron, formando o cátion Na+:

$$Na \rightleftharpoons Na^+ + e^- \tag{8-1a}$$

A molécula de cloro consome dois elétrons, formando dois ânions Cl⁻ (cloreto):

$$Cl_2 + 2\,e^- \rightleftharpoons 2\,Cl^- \tag{8-1b}$$

Cátions Na⁺ e ânions Cl⁻ combinam-se formando o composto iônico NaCl:

$$Na^+ + Cl^- \rightleftharpoons NaCl \qquad (8\text{-}1c)$$

O agente que fornece os elétrons chama-se redutor e o agente que consome os elétrons chama-se oxidante. Portanto, na reação acima, o sódio é o redutor e o cloro é o oxidante.

Em uma reação redox, o número de elétrons fornecidos pelo redutor sempre é igual ao número de elétrons consumidos pelo oxidante. Na reação 8-1, cada um dos átomos de cloro na molécula Cl$_2$ consome um elétron, portanto a Equação 8-1a deve ser multiplicada pelo fator 2 para que a soma das equações parciais (8-1a)+(8-1b)+(8-1c) resulte na Equação (8-1), correspondente à reação química global.

Em uma reação redox sempre estão envolvidos dois pares correspondentes de oxidantes e redutores:

$$ox + {}^*red \rightleftharpoons red + {}^*ox \qquad (8\text{-}2)$$

A um oxidante forte no lado dos reagentes (ox) corresponde um redutor fraco no lado dos reagentes (red); a um redutor forte no lado dos reagentes (*red) corresponde um oxidante fraco no lado dos produtos (*ox). Por exemplo, na reação de cloro com o íon iodeto

$$\tfrac{1}{2}Cl_2 + I^- \rightleftharpoons \tfrac{1}{2}I_2 + Cl^- \qquad (8\text{-}3)$$

o cloro é um oxidante muito forte, portanto, o cloreto é um redutor muito fraco.

Em reações redox, pelo menos um dos elementos contidos nas espécies oxidante e redutora muda seu *estado* formal *de oxidação* (ou *número* formal *de oxidação*). Na espécie redutora, um elemento aumenta seu número de oxidação. Na espécie oxidante, um elemento diminui seu número de oxidação.

Os elementos mais eletropositivos (metais) geralmente adotam números de oxidação positivos nos seus compostos. Os elementos mais eletronegativos (não metais) podem adotar números de oxidação positivos ou negativos.

Os números de oxidação geralmente são indicados em algarismos romanos entre parênteses após o nome ou símbolo do respectivo elemento (o sinal positivo é omitido). Por exemplo: ferro(III) ou Fe(III); cromo(VI) ou Cr(VI); enxofre(–II) ou S(–II); fósforo(V) ou P(V).

Para definir o número de oxidação de um determinado elemento numa determinada espécie química, temos as seguintes regras:

a) O número de oxidação de qualquer elemento numa substância elementar é igual a zero.

b) O número de oxidação de um elemento em um íon monoatômico é igual à carga desse íon. Por exemplo, o fluoreto de cálcio (CaF$_2$) é composto pelos íons Ca^{2+} e F$^-$, portanto ao cálcio corresponde o número de oxidação II e ao flúor –I.

c) Certos elementos possuem o mesmo número de oxidação em todos ou em quase todos os seus compostos.

- Os elementos do primeiro grupo do sistema periódico (os metais alcalinos) apresentam o número de oxidação I em todos os seus compostos.
- Os elementos do segundo grupo do sistema periódico (os metais alcalino-terrosos Be, Mg, Ca, Sr e Ba) sempre apresentam número de oxidação II em seus compostos.

- O número de oxidação do alumínio em seus compostos sempre é III.
- O flúor possui o número de oxidação –I em todos os seus compostos.
- O número de oxidação do oxigênio em seus compostos geralmente é –II, exceto nos peróxidos, em que é –I.
- O hidrogênio, em seus compostos químicos, usualmente adota o número de oxidação I, exceto em suas combinações com metais (por exemplo, NaH ou CaH_2), em que seu número de oxidação é –I.

d) A soma dos números de oxidação de todos os átomos numa espécie neutra é zero; em um íon, ela é igual à carga do íon.

Em uma reação mais complexa, por exemplo, a de cloreto de ferro(III) ($FeCl_3$) com bissulfito de sódio ($NaHSO_3$) em meio aquoso, as espécies efetivamente envolvidas na reação são o cátion de ferro(III) (Fe^{3+}), o ânion bissulfito (HSO_3^-) e água (H_2O). Os produtos da reação são o cátion de ferro(II) (Fe^{2+}), o ânion sulfato (SO_4^{2-}) e prótons (H^+).

Os números de oxidação dos elementos envolvidos na transferência de elétrons são: Fe^{3+}, III; Fe^{2+}, II; enxofre no bissulfito, IV; enxofre no sulfato, VI. O enxofre(IV) no bissulfito é transformado em enxofre(VI) no sulfato, portanto o bissulfito é o agente redutor (fornece dois elétrons):

$$HSO_3^- + H_2O \rightleftharpoons SO_4^{2-} + 3\,H^+ + 2\,e^- \qquad (8\text{-}4a)$$

O Fe^{3+} é transformado em Fe^{2+}, portanto o Fe^{3+} é o agente oxidante (consome um elétron):

$$Fe^{3+} + e^- \rightleftharpoons Fe^{2+} \qquad (8\text{-}4b)$$

A Equação 8-4b tem de ser multiplicada pelo fator 2, para que a soma de (8-4a) + 2 × (8-4b) resulte na equação global 8-4:

$$HSO_3^- + 2\,Fe^{3+} + H_2O \rightleftharpoons SO_4^{2-} + 2\,Fe^{2+} + 3\,H^+ \qquad (8\text{-}4)$$

Algumas espécies podem apresentar tanto propriedades oxidantes como redutoras (espécies anfóteras de oxidação-redução). Por exemplo, a hidrazina N_2H_4, contendo nitrogênio no estado de oxidação –II, usualmente atua como redutor, sendo oxidada a nitrogênio elementar N_2 (estado de oxidação do nitrogênio: zero). Frente a redutores muito fortes, a hidrazina atua como oxidante, sendo reduzida a amoníaco NH_3 com estado de oxidação do nitrogênio –III.

LEITURA RECOMENDADA

Química Geral: reações de oxidação e redução, números de oxidação, balanceamento de equações de oxidação-redução.

PARTE EXPERIMENTAL

Material e reagentes de uso geral

- Seis tubos de ensaio
- Estante para tubos de ensaio
- Diclorometano (CH_2Cl_2)
- Ácido sulfúrico diluído na proporção 1:9
- Solução de iodeto de potássio (KI), 16,6 g/L
- Solução de permanganato de potássio, ($KMnO_4$), 15,8 g/L

Reagentes específicos

Grupo A		Grupo B	
Substância	Concentração	Substância	Concentração
Dicromato de potássio ($K_2Cr_2O_7$)	29,4 g/L	Ácido oxálico ($H_2C_2O_4 \cdot 2H_2O$)	12,6 g/L
Iodato de potássio (KIO_3)	21,4 g/L	Sulfito de sódio (Na_2SO_3)	12,6 g/L
Peróxido de hidrogênio (H_2O_2)	diluído 1:9	Peróxido de hidrogênio (H_2O_2)	diluído 1:9
Cloreto de amônio (NH_4Cl)	5,35 g/L	Cloreto de amônio (NH_4Cl)	5,35 g/L
Nitrato de potássio (KNO_3)	10,1 g/L	Sulfato de zinco ($ZnSO_4 \cdot 7H_2O$)	28,7 g/L
Di-hidrogenofosfato de sódio (NaH_2PO_4)	24,6 g/L	Di-hidrogenofosfato de sódio (NaH_2PO_4)	24,6 g/L
Nitrito de sódio ($NaNO_2$)	6,90 g/L	Nitrito de sódio ($NaNO_2$)	6,90 g/L
Cloreto de ferro(III) ($FeCl_3 \cdot 6H_2O$)	27,0 g/L	Sulfato de ferro(II) ($FeSO_4 \cdot 7H_2O$) (solução recém-preparada)	27,8 g/L
Sulfato de cobre(II) ($CuSO_4 \cdot 5H_2O$)	25,0 g/L	Brometo de potássio (KBr)	11,9 g/L
Dióxido de manganês (MnO_2)	Sólido	Ácido clorídrico (HCl)	diluído 1:1
Dióxido de estanho (SnO_2)	Sólido	Etanol (C_2H_5OH)	Puro
"Cloro" granulado para piscinas [componente ativo: hipoclorito de cálcio $Ca(ClO)_2$]	Sólido	Glicose ($C_6H_{12}O_6$)	20 g/L
Água sanitária (componente ativo: hipoclorito de sódio, NaClO)	diluído 1:10		

Procedimento

PARTE A:
VERIFICAÇÃO DE PROPRIEDADES OXIDANTES

Na série de experimentos que segue será utilizada uma solução de iodeto de potássio como indicador para substâncias oxidantes. O íon iodeto, I⁻, incolor, é facilmente oxidado a iodo elementar (I_2), reconhecido pela coloração marrom ou violeta. O iodo elementar é solúvel em diclorometano com coloração rosa:

$$\underset{\text{incolor}}{I^-} \rightleftharpoons \underset{\text{rosa}}{I_2} + 2\,e^- \qquad \text{(eq.5)}$$

1. Selecione cinco ou seis das substâncias do grupo A, indicadas pelo professor, e rotule tubos de ensaio com os nomes ou fórmulas das substâncias.
2. Coloque 1 a 2 mL das soluções selecionadas (ou uma pitadinha dos sólidos com 1 a 2 mL de água destilada) nos tubos de ensaio correspondentes.
3. Acrescente cinco gotas de ácido sulfúrico diluído a cada um dos tubos.
4. Adicione duas ou três gotas de solução de iodeto de potássio a cada um dos tubos.
5. Agite os tubos e observe a formação de iodo elementar.
6. Acrescente eventualmente 1 a 2 mL de diclorometano para extração do iodo (observe que o diclorometano não é solúvel com água).
7. Anote os resultados.

PARTE B:
VERIFICAÇÃO DE PROPRIEDADES REDUTORAS

Um excelente indicador para substâncias redutoras é o íon permanganato (MnO_4^-), que possui uma intensa coloração roxa. Em meio ácido, o permanganato é reduzido facilmente ao cátion de manganês(II) (Mn^{2+}), que é incolor:

$$\underset{\text{roxo}}{MnO_4^-} + 8\,H^+ + 5\,e^- \rightleftharpoons \underset{\text{incolor}}{Mn^{2+}} + 4\,H_2O \qquad \text{(eq.6)}$$

O manganês passa do estado de oxidação VII no íon permanganato para II no íon manganês(II), portanto, a reação consome cinco elétrons.

Na seguinte série de experimentos será utilizada uma solução de permanganato de potássio como indicador para espécies redutoras.

1. Selecione cinco ou seis das substâncias do grupo B, indicadas pelo professor, e rotule tubos de ensaio com os nomes ou fórmulas das substâncias.
2. Coloque 1 a 2 mL das soluções selecionadas (ou alguns miligramas dos sólidos com 1 a 2 mL de água destilada) nos tubos de ensaio correspondentes.
3. Acrescente cinco gotas de ácido sulfúrico diluído a cada um dos tubos.
4. Adicione duas ou três gotas de solução de permanganato de potássio a cada um dos tubos.
5. Agite os tubos e observe o desaparecimento da coloração do permanganato (algumas das reações ocorrem de imediato, outras mais lentamente).
6. Anote os resultados.

Descarte de resíduos

- Todas as soluções, após diluição, podem ser despejadas na pia.
- As substâncias sólidas devem ser depositadas num recipiente específico para coleta de resíduos sólidos inorgânicos.

Discussão

1. Quais das substâncias pesquisadas são oxidantes?
2. Quais das substâncias pesquisadas são redutoras?
3. Quais das substâncias pesquisadas não apresentam nem propriedades oxidantes nem redutoras?
4. Quais das substâncias pesquisadas são anfóteras, isto é, apresentam propriedades redutoras e oxidantes?
5. Identifique as espécies oxidantes e redutoras nos casos em que foi observada uma reação.
6. Sugira os respectivos produtos de reação.
7. Identifique os átomos que mudam seu estado de oxidação nas reações observadas, definindo os números de oxidação desses átomos.
8. Verifique o número de elétrons transferidos em cada caso.
9. Apresente equações químicas completas para cada reação observada.
10. Qual é a função do ácido sulfúrico nas reações realizadas?

EXEMPLOS

Caso A: Substância oxidante

Observação: O sulfato de cério(IV), $Ce(SO_4)_2$, oxida o iodeto a iodo elementar.

Interpretação: A espécie oxidante é o cátion de cério(IV) (Ce^{4+}).
O produto da reação é o cátion de cério(III) (Ce^{3+}).
O estado de oxidação do cério(IV) é quatro.
O estado de oxidação do cério no produto é três.
O átomo que muda seu estado de oxidação é o cério.
O número de elétrons transferidos é um.

Equações químicas:

reação parcial	$Ce^{4+} + e^-$	$\rightleftharpoons$	Ce^{3+}
reação parcial	I^-	$\rightleftharpoons$	$\frac{1}{2} I_2 + e^-$
reação total	$Ce^{4+} + I^-$	$\rightleftharpoons$	$Ce^{3+} + \frac{1}{2} I_2$

Caso B: Substância redutora

Observação: O di-hidrogenofosfito de sódio (NaH$_2$PO$_3$) reage com permanganato em meio ácido, obtendo-se uma solução incolor.

Interpretação: A espécie redutora é o ânion di-hidrogenofosfito (H$_2$PO$_3^-$).
O produto da reação é o ânion di-hidrogenofosfato (H$_2$PO$_4^-$).
O estado de oxidação do fósforo no di-hidrogenofosfito é três.
O estado de oxidação do fósforo no di-hidrogenofosfato é cinco.
O átomo que muda seu estado de oxidação é o fósforo.
O número de elétrons transferidos é dois.

Equações químicas:

reação parcial
$$H_2PO_3^- + H_2O \rightleftharpoons H_2PO_4^- + 2\,H^+ + 2\,e^- \quad \square \times 5$$

reação parcial
$$MnO_4^- + 8\,H^+ + 5\,e^- \rightleftharpoons Mn^{2+} + 4\,H_2O \quad \square \times 2$$

reação total
$$5\,H_2PO_3^- + 2\,MnO_4^- + 6\,H^+ \rightleftharpoons 5\,H_2PO_4^- + 2\,Mn^{2+} + 3\,H_2O$$

Algumas informações úteis para facilitar a discussão das reações observadas:

• Os cátions Na$^+$, K$^+$, Mg^{2+}, Ca^{2+}, Al^{3+} e Zn^{2+} não apresentam propriedades oxidantes em meio aquoso.

• Os ânions haletos X^- (X = Cl, Br ou I) são potencialmente redutores. Em meio ácido, eles são oxidados aos respectivos halogênios X_2.

# ROTEIRO 9

OXIGÊNIO E COMBUSTÃO

OBJETIVO

- Compreender os princípios da combustão, por meio da realização de experimentos que contemplam suas diversas modalidades.

INTRODUÇÃO

[Veja também os Roteiros 8 ("Estudo de reações de oxidação-redução em meio aquoso") e 4 ("Estudo de termoquímica: processos exotérmicos e endotérmicos")]

O *fogo* é um fenômeno que acompanha a *queima* de um material, produzindo-se energia na forma de *calor* e *luz*. O homem primitivo enfrentou o fenômeno natural do fogo com espanto, admiração e curiosidade. Nas culturas antigas, a origem do fogo foi atribuída aos deuses. Na mitologia grega, Prometeu roubou o fogo dos deuses e deu-o de presente à humanidade. Na Grécia clássica, o filósofo Empédocles considerou o fogo como um dos quatro elementos básicos da matéria, ao lado da terra, água e ar.

O domínio do fogo, ou seja, a habilidade de produzir e controlar o fogo, constituiu condição fundamental para a evolução humana, contribuindo significativamente para o nascimento das civilizações e o desenvolvimento tecnológico.

Inicialmente, o homem usou o fogo para aquecer e iluminar o ambiente, ou para preparar seu alimento. Aos poucos nasceram, em torno da lareira, os primeiros processos de *pirotecnologia*, que consiste na produção de novos materiais, por meio de transformações físicas e químicas sob ação do fogo. Surgiram, assim, a cerâmica, proporcionando recipientes de uso doméstico e materiais de construção; o vidro; os metais (inicialmente bronze), fornecendo material para confecção de ferramentas e armas mais eficientes; a cal; o cimento; o sabão e muitos outros.

Durante o desenrolar da história, várias especulações e hipóteses foram apresentadas para interpretar o processo da queima. Ainda no início do século XVIII, surgiu a teoria errônea do flogístico, considerando que a combustão consistia na perda de um "elemento" chamado flogístico. Somente após o descobrimento do oxigênio, por Priestley e Scheele (1773/74), foi possível compreender exatamente o princípio das transformações químicas que ocorrem na combustão. Em 1777, Lavoisier constatou que a combustão correspondia à combinação ou reação de um material combustível com oxigênio e, portanto, os produtos da combustão seriam sempre óxidos.

A definição de Lavoisier pode ser ampliada afirmando-se que a *queima* ou *combustão* de um material corresponde a uma *reação química exotérmica de oxidação*. A substância a ser queimada é chamada de *combustível*, ou *carburante*, e a substância oxidante — não necessariamente o oxigênio – é chamada de *comburente*. Portanto combustível é qualquer substância que pode ser oxidada com produção de uma elevada quantidade de energia em forma de calor.

Alguns combustíveis convencionais são: lenha, carvão, petróleo e derivados, gás natural, álcool e hidrogênio. Cerca de 70% da energia consumida mundialmente pelas indústrias, pelos veículos (automóveis, navios e aeronaves) e nos lares domésticos é gerada pela combustão de carvão, petróleo e gás natural.

Algumas substâncias que podem atuar como combustíveis são: a maioria dos metais, alguns elementos não metálicos (carbono, fósforo, enxofre) e compostos químicos com propriedades redutoras (hidrazina, monóxido de carbono e diborano).

O valor prático de um combustível pode ser indicado pela quantidade de energia fornecida por unidade de massa na sua combustão, isto é, o *valor calorífico*.

TABELA 9-1 Valor calorífico (reação com oxigênio) para alguns combustíveis

Combustível	Valor calorífico (kJ/g)
Hidrogênio – H_2	142,2
Metano – CH_4	55,7
n-Octano – C_8H_{18} (gasolina)	47,8
Etanol – C_2H_6O	34,1
Glicose – $C_6H_{12}O_6$	15,2

O *comburente* mais comum é o *oxigênio* presente no ar, correspondendo a 21% de volume da composição atmosférica. A combustão com oxigênio leva geralmente à formação de *óxidos*. Por exemplo:

$$C_{\text{carbono}} + O_{2\,\text{oxigênio}} \longrightarrow CO_{2\,\text{dióxido de carbono}}$$

$$CH_{4\,\text{metano}} + 2\,O_{2\,\text{oxigênio}} \longrightarrow CO_{2\,\text{dióxido de carbono}} + 2\,H_2O_{\text{água}}$$

$$2Al_{\text{alumínio}} + {}^{3/2}\,O_{2\,\text{oxigênio}} \longrightarrow Al_2O_{3\,\text{óxido de alumínio}}$$

A combustão empregando oxigênio puro torna-se mais eficiente. Assim, utiliza-se para a propulsão de mísseis hidrogênio como combustível e oxigênio puro como comburente.

Além do oxigênio, alguns outros gases podem ser comburentes, desde que apresentem propriedade oxidante (por exemplo, flúor, cloro, dióxido de nitrogênio):

$$H_2 + Cl_2 \longrightarrow 2\ HCl$$

$$CH_4 + 4\ F_2 \longrightarrow CF_4 + 4\ HF$$

$$2\ N_2H_4 + 2\ NO_2 \longrightarrow 3\ N_2 + 4\ H_2O$$

Essas reações transcorrem com produção de fogo, tal como as combustões convencionais com oxigênio. Observa-se, entretanto, que nesses casos os produtos de combustão não são óxidos.

Alguns gases não apresentam propriedades de comburentes, nem de combustíveis: os gases nobres, nitrogênio, dióxido de carbono e dióxido de enxofre.

O comburente não precisa ser, necessariamente, um gás. Sólidos ou líquidos com propriedades fortemente oxidantes (nitratos, cloratos, peróxidos e permanganatos) também podem desempenhar a função de comburente. A pólvora negra é uma mistura sólida de enxofre e carbono (combustíveis), com nitrato de potássio (comburente). Misturas dessa natureza devem ser consideradas como *explosivos*. Outro exemplo de uma combustão explosiva é a reação entre peróxido de bário e glicerina:

$$7\ BaO_{2(s)} + C_3H_8O_{3(l)} \longrightarrow 7\ BaO_{(s)} + 3\ CO_{2(g)} + 4\ H_2O_{(g)}$$

Combustível e comburente podem ser componentes de um mesmo composto químico, como é o caso do dicromato de amônio, $(NH_4)_2Cr_2O_7$: o cátion amônio NH_4^+ é o combustível, e o ânion dicromato $Cr_2O_7^{2-}$ é o comburente. Quando o dicromato de amônio é aquecido, ocorre uma reação de oxidação-redução, ou *combustão interna*, entre os componentes:

$$(NH_4)_2Cr_2O_{7(s)} \longrightarrow N_{2(g)} + Cr_2O_{3(s)} + 4\ H_2O_{(g)}$$

O princípio da combustão interna é aproveitado nos explosivos modernos. A nitroglicerina, por exemplo, é uma molécula em que três grupos nitrato (—ONO_2), que representam o comburente, estão ligados a um esqueleto hidrocarbônico, que representa o combustível:

$$\begin{array}{c} H_2C-ONO_2 \\ | \\ HC-ONO_2 \\ | \\ H_2C-ONO_2 \end{array}$$

A combustão interna da nitroglicerina pode ser representada pela seguinte equação química:

$$4\ C_3H_5N_3O_9 \longrightarrow 12\ CO_{2(g)} + 10\ H_2O_{(g)} + 5\ N_{2(g)} + 2\ NO_{(g)}$$
(nitroglicerina)

Observa-se que essa reação produz uma grande quantidade de gases. O desprendimento repentino de um grande volume de gases em expansão explica o poder destrutivo desses explosivos.

Em geral, para iniciar uma combustão, é preciso fornecer uma certa quantidade de energia (calor, luz e descarga elétrica), processo esse denominado *ignição*. Uma vez iniciada, a combustão se propaga até acabar o combustível ou o comburente. *Combustão espontânea* é aquela que ocorre por si, sem necessidade de um agente de ignição. Por exemplo, o fósforo branco pega fogo em contato com o ar:

$$\underset{\text{fósforo branco}}{P_4 + 5\,O_2} \longrightarrow \underset{\text{óxido de fósforo}}{P_4O_{10}}$$

Substâncias que apresentam esse comportamento são também chamadas de *substâncias pirofóricas*.

PARTE EXPERIMENTAL

PARTE A:
COMBUSTÃO EM OXIGÊNIO PURO [duração: 20-30 min]

Uma maneira simples de produzir oxigênio no laboratório é por decomposição catalítica de peróxido de hidrogênio, utilizando dióxido de manganês (MnO_2) como catalisador:

$$2\,H_2O_{2(l)} \xrightarrow{MnO_2} O_{2(g)} + 2\,H_2O_{(l)}$$

Neste experimento, para gerar oxigênio, adicionamos uma solução aquosa de H_2O_2 diluída a um recipiente contendo um pouco de MnO_2.

Material	Reagentes
• Béquer alto, de 500 mL (aprox. 15 cm de altura) • Vidro de relógio para cobrir o béquer • Bico de Bunsen • Pequena colher (tipo cafezinho) • Arame de ferro de ±1,5 mm Δ • Palha de aço (Bombril ou semelhante) • 250 g de areia • Vela de 3 a 5 cm de comprimento • Lasca de madeira • Pinça de aço	• 30 mL de solução de peróxido de hidrogênio diluído na proporção 1:2 • 1 g de dióxido de manganês (MnO_2) • Um pouco de enxofre

Procedimento

Parte A-I Produção de oxigênio

1. Cubra o fundo do béquer com uma camada de areia (±1 cm de espessura) misturada com 1 g de dióxido de manganês.
2. Adicione lentamente 10 mL da solução de peróxido de hidrogênio.
3. Cubra o béquer com um vidro de relógio e espere até terminar a efervescência da mistura.
4. Verifique se o béquer está preenchido com oxigênio, introduzindo uma lasca de madeira em brasa.
5. Se o teste não for satisfatório, acrescente mais 5 mL da solução de peróxido de hidrogênio, cubra o béquer, espere o desaparecimento da efervescência e introduza novamente a lasca de madeira em brasa.

> Atenção: todos os experimentos de combustão em oxigênio puro devem ser realizados em lugar bem ventilado, preferencialmente dentro de uma capela de exaustão. Use óculos de proteção e mantenha o rosto afastado do recipiente de reação.

Parte A-II Queima de enxofre em oxigênio puro

1. Prenda a extremidade superior de uma pequena colher de aço, dobrada perpendicularmente, a um arame grosso, de ferro, de 25 a 30 cm de comprimento.
2. Coloque uma pequena quantidade de enxofre (do tamanho de um feijão) na colher, acenda o enxofre num bico de Bunsen e, segurando-a pelo arame, introduza a colher com o enxofre em combustão rapidamente no recipiente preenchido com oxigênio.
3. Observe o fenômeno luminoso.
4. Pode-se descer e subir a colher com o enxofre em combustão repetidas vezes dentro do recipiente.
5. Ao terminar a observação, apague o enxofre em combustão rapidamente, mergulhando a colher num recipiente com água.

Parte A-III Queima de ferro em oxigênio puro

1. Utilize o mesmo recipiente do experimento anterior.
2. Complete o oxigênio no recipiente, acrescentando mais 5 mL da solução de peróxido de hidrogênio.
3. Mantenha o recipiente coberto com um vidro de relógio e espere até terminar a efervescência.
4. Verifique com uma lasca de madeira em brasa se o recipiente está completamente preenchido com oxigênio.
5. Faça um rolo compactado de aproximadamente 10 cm de comprimento com a palha de aço.

Oxigênio e combustão

6. Com uma pinça de aço, coloque a palha de aço na chama forte de um bico de Bunsen até incandescência.
7. Passe a palha de aço incandescente rapidamente, sem soltar da pinça, para o recipiente preenchido com oxigênio.
8. Observe a combustão do ferro.

Descarte de resíduos

- Adicione cerca de 500 mL de água no recipiente contendo a areia e os resíduos das reações; espere decantar e descarte o sobrenadante na pia. Os resíduos sólidos (areia) devem ser despejados na lata de lixo.

Discussão

1. Quais são os produtos da combustão do enxofre e do ferro?
2. Apresente equações químicas completas das reações observadas.
3. A atmosfera terrestre possui cerca de 21% em volume de oxigênio. Sugira algumas das consequências mais graves que poderiam ocorrer, caso esse percentual fosse drasticamente aumentado ou diminuído.
4. Qual é a definição do ponto de ignição (*flash point*). Discuta sua importância na avaliação do potencial de periculosidade de substâncias.

PARTE B:
DIÓXIDO DE CARBONO, UM GÁS NÃO COMBURENTE
[duração: 15-20 min]

Uma maneira conveniente de gerar dióxido de carbono no laboratório é pela reação de um carbonato com um ácido. Por exemplo:

$$CaCO_{3(s)} + 2\ HCl_{(aq)} \longrightarrow CO_{2(g)} + CaCl_{2(aq)} + H_2O_{(l)}$$

Nesse experimento, o dióxido de carbono é produzido gotejando-se ácido clorídrico sobre carbonato de sódio.

Material e reagentes

- Béquer alto de 500 mL
- Vidro de relógio para cobrir o béquer
- Arame de ferro de ± 1,5 mm de diâmetro
- Vela
- 5 g de carbonato de sódio (Na_2CO_3)
- Ácido clorídrico diluído na proporção 1:3

Procedimento

1. Coloque aproximadamente 10 g de carbonato de sódio num béquer alto de ± 500 mL.
2. Adicione, em porções, cerca de 10 mL da solução de ácido clorídrico.
3. Mantenha o recipiente coberto com um vidro de relógio até terminar a efervescência.
4. Prenda uma vela a um arame grosso de ferro para possibilitar a condução desta até o fundo do béquer.
5. Acenda a vela e introduza-a no recipiente contendo o dióxido de carbono.
6. Observe o comportamento da vela.
7. Compare o comportamento da vela em um recipiente coberto, de igual volume, preenchido com ar.

Descarte de resíduos

- Dilua o resíduo com 500 mL de água, espere decantar e descarte o líquido sobrenadante na pia. O resíduo sólido ($CaCO_3$) deve ser despejado na lata de lixo.

Discussão

1. Por que o gás carbônico não é comburente?
2. Considerando que a combustão de uma vela se dá pela reação de uma parafina de fórmula $C_{16}H_{34}$ com oxigênio, escreva a equação química completa dessa reação.
3. Para que serve o pavio da vela?

    Dica: observe como funciona um lampião de querosene, por exemplo.

PARTE C:
NITRATO DE POTÁSSIO, UM COMBURENTE SÓLIDO
[duração: 10-15 min]

Material e reagentes

- Tubo de ensaio
- Pinça para tubos de ensaio
- Bico de Bunsen
- Nitrato de potássio sólido
- Pequenos pedaços de carvão vegetal

Oxigênio e combustão

Procedimento

> Atenção: use óculos de proteção. Não olhe diretamente na boca do tubo, nem aponte a boca do tubo para outra pessoa.

1. Coloque aproximadamente 1 g de nitrato de potássio sólido em um tubo de ensaio seco.
2. Segurando o tubo com uma pinça de madeira, funda o nitrato de potássio sobre a chama forte de um bico de Bunsen até iniciar-se o desprendimento de gás.
3. Deixe cair um pequeno pedaço de carvão vegetal (do tamanho de um grão de milho) sobre o nitrato fundido.
4. O carvão começa a queimar violentamente, com desprendimento de gases e intenso efeito luminoso (se o fenômeno não ocorrer, aqueça o tubo por mais tempo, até o início da reação).

$$4 \, KNO_{3(l)} + 5 \, C_{(s)} \longrightarrow 2 \, K_2CO_{3(l)} + 3 \, CO_{2(g)} + 2 \, N_{2(g)}$$

Descarte de resíduos

- Após resfriamento completo, o conteúdo do tubo de ensaio pode ser dissolvido em água e despejado na pia.

Discussão

1. O que é pólvora negra?
2. Qual é o princípio do funcionamento de armas de fogo?

PARTE D:
COMBUSTÃO INTERNA DE NITRATO DE AMÔNIO [duração: 10-15 min]

Nitrato de amônio é produzido industrialmente em larga escala pela neutralização de ácido nítrico com amônia. Sua principal aplicação é como fertilizante na agricultura. Ao ser aquecido acima de 300 °C, sofre decomposição violenta devido à combustão interna, com desprendimento súbito de gases, conforme a seguinte equação química:

$$NH_4NO_{3(l)} \longrightarrow N_2O_{(g)} + 2 \, H_2O_{(g)}$$

Essa decomposição tem produzido graves acidentes, devendo-se, portanto, observar certos cuidados no armazenamento e transporte desse material.

Material e reagentes

- Chapa de metal (ferro ou cobre)
- Bico de Bunsen
- Tripé de ferro
- Nitrato de amônio sólido e seco

Procedimento

> Atenção: realize a experiência em lugar bem ventilado, preferencialmente dentro de uma capela de exaustão. Use óculos de proteção e mantenha-se devidamente afastado do experimento.

1. Coloque 0,1 a 0,2 g de nitrato de amônio sólido (a quantidade necessária será entregue pelo professor) sobre uma chapa metálica suportada por um tripé de ferro.
2. Aqueça a chapa fortemente com um bico de Bunsen e, mantendo-se afastado do experimento, observe a reação.

Observação: inicialmente, o sólido funde (ponto de fusão 170 °C), depois começa a evaporar e, finalmente, ocorre uma decomposição repentina, com forte desprendimento de gases.

Discussão

1. Identifique os componentes combustível (redutor) e comburente (oxidante) no nitrato de amônio e indique os números de oxidação do nitrogênio envolvido na reação.
2. Quais dos seguintes sais de amônio podem sofrer combustão interna: carbonato, cloreto, sulfato, perclorato? Justifique sua resposta, apresentando as equações químicas correspondentes.
3. Escreva a equação química que representa a combustão interna do trinitrotolueno ou "TNT" ($C_7H_5N_3O_6$).
4. O que é "dinamite"? Quando e por quem foi desenvolvida?

PARTE E:
COMBUSTÃO ESPONTÂNEA: PERMANGANATO E ETILENOGLICOL
[duração: 10-15 min]

Material e reagentes

- Uma pequena cápsula de porcelana
- Duas pipetas conta-gotas
- Permanganato de potássio sólido
- Ácido sulfúrico concentrado
- Etilenoglicol ou glicerina (anidros)

Procedimento

> Atenção: O ácido sulfúrico concentrado é uma substância muito agressiva. Realize a experiência em lugar bem ventilado, preferencialmente dentro de uma capela de exaustão. Use óculos de proteção e mantenha o rosto afastado da mistura reacional.

1. Coloque 0,05 g de permanganato de potássio (a quantidade necessária de permanganato será entregue pelo professor) dentro de uma cápsula de porcelana seca.
2. Usando uma pipeta conta-gotas, acrescente três a quatro gotas de ácido sulfúrico concentrado.
3. Em seguida, com uma pipeta conta-gotas, adicione uma gota de etilenoglicol ou glicerina e afaste-se do experimento.
4. Após alguns instantes a mistura pega fogo.
5. Se após 30 segundos não ocorrer reação, acrescente bastante água para desativar a mistura.

Explicação: pela adição de ácido sulfúrico concentrado ao permanganato de potássio, cria-se o anidrido permangânico (Mn_2O_7), um agente oxidante extremamente potente, que oxida o glicol (combustível) de forma violenta. As reações envolvidas podem ser representadas pelas seguintes equações químicas:

a) $2\ KMnO_4 + H_2SO_4 \longrightarrow Mn_2O_7 + K_2SO_4 + H_2O$

b) $5\ Mn_2O_7 + 3\ C_2H_6O_2 \longrightarrow 10\ MnO_2 + 6\ CO_2\uparrow + 9\ H_2O\uparrow$

Descarte de resíduos

- A mistura deve ser diluída com bastante água e despejada na pia.

Discussão

- Por que algumas reações ocorrem espontaneamente, ao passo que outras só acontecem na presença de um agente de ignição?

PARTE F:
COMBUSTÃO DE UMA MISTURA DETONANTE DE GASES: HIDROGÊNIO E OXIGÊNIO [duração 20-30 min]

O hidrogênio é considerado um combustível quase ideal, pois sua reação com oxigênio fornece uma elevada quantidade de energia (142 kJ/g, enquanto que a gasolina rende apenas 48 kJ/g), e o único produto da combustão é água, que não é poluente:

$$H_{2(g)} + {}^{1}/{}_{2}\, O_{2(g)} \longrightarrow H_2O_{(l)} \quad (\Delta H = 284{,}5 \text{ kJ/mol})$$

No experimento seguinte será produzida uma mistura detonante de H_2 e O_2, mediante eletrólise de uma solução de carbonato de sódio. Bolhas de sabão preenchidas com essa mistura serão detonadas, para demonstrar o efeito da explosão.

Material e reagentes

- Fonte de energia elétrica de 10 V (corrente alternada ou contínua)
- Dois eletrodos de grafite (podem ser extraídos de pilhas secas usadas)
- Dois fios condutores com terminais do tipo jacaré
- Rolha de borracha de 30 mm de diâmetro com dois furos
- Funil de vidro
- Seringa hipodérmica descartável de 5 ou 10 mL (sem agulha)
- Mangueira de borracha látex de 30 cm de comprimento
- Recipiente de vidro, conforme desenho (cilindro de vidro de 30 mm de diâmetro de 15 a 20 cm de comprimento, aberto de um lado, com um tubo de saída lateral e um tubo de saída no fundo)
- Suporte para montagem do dispositivo de eletrólise
- Cápsula de porcelana
- 250 mL de solução de carbonato de sódio (Na_2CO_3) 100 g/L ou ($Na_2CO_3 \cdot 10H_2O$) 200 g/L
- 50 mL de solução de sabão ou de detergente lava-louça.

Atenção: a solução de Na_2CO_3 é cáustica, portanto evite qualquer derramamento.

Oxigênio e combustão

Procedimento

1. Coloque 50 mL de solução de sabão numa cápsula de porcelana, que deverá ficar afastada cerca de 1 m do dispositivo de eletrólise.
2. Monte o dispositivo de eletrólise conforme ilustrado na Figura 9-1.
3. Preencha o dispositivo completamente com a solução de carbonato de sódio, através do funil ligado ao tubo de saída lateral, mantendo o tubo de saída superior aberto.
4. Conecte a seringa com o êmbolo apertado ao tubo de saída superior, mediante um adaptador de borracha.
5. Mostre a montagem ao professor antes de ligar o circuito elétrico.
6. Conecte a fonte de energia elétrica de 10 V aos eletrodos de grafite, utilizando conectores do tipo jacaré.
7. Deixe a eletrólise funcionando até obter um volume de gás de 10 a 20 mL acumulado na parte superior do dispositivo.
8. Puxe o gás para dentro da seringa, pelo movimento do êmbolo.
9. Desconecte a seringa e leve-a rapidamente para a cápsula com a solução de sabão.
10. Introduza a seringa na solução de sabão e expulse o gás de tal maneira que sejam produzidas bolhas de sabão.
11. Usando um isqueiro, faça explodir as bolhas. A combustão ocorre na forma de uma detonação barulhenta.

Reaproveitamento de reagentes

- A solução de carbonato de sódio pode ser coletada e guardada para reaproveitamento em outras sessões de laboratório.

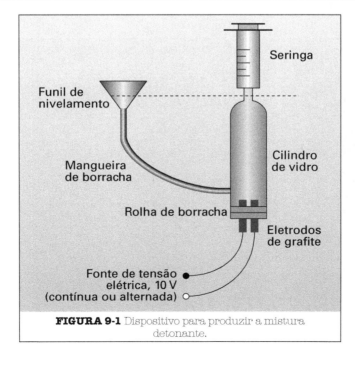

FIGURA 9-1 Dispositivo para produzir a mistura detonante.

Discussão

- Quais das seguintes misturas de gases são explosivas? Justifique sua resposta e apresente as equações químicas correspondentes às reações esperadas.

  hidrogênio (H_2) + nitrogênio (N_2)

  hidrogênio (H_2) + cloro (Cl_2)

  oxigênio (O_2) + metano (CH_4)

  oxigênio (O_2) + argônio (Ar)

  dióxido de carbono (CO_2) + nitrogênio (N_2)

  dióxido de carbono (CO_2) + metano (CH_4)

BIBLIOGRAFIA CONSULTADA

1. Salzberg, H. W. *From Caveman to Chemist – Circumstances and Achievements*. Washington: American Chemical Society, 1991.
2. Vidal, B. *História da Química*, Biblioteca Básica de Ciência. Lisboa: Edições 70, 1986.

ROTEIRO 10

PILHAS ELETROQUÍMICAS

OBJETIVO

- Entender o funcionamento de pilhas eletroquímicas.

INTRODUÇÃO

[Veja também os Roteiros 8 ("Estudo de reações de oxidação-redução em meio aquoso") e 11 ("Processos eletrolíticos")].

SOBRE ELETROQUÍMICA

Eletroquímica é a parte da Química que lida com os fenômenos associados à interação da eletricidade com a matéria. De uma forma mais específica, a Eletroquímica é a área da Química voltada para o estudo das propriedades de *eletrólitos* e dos processos que ocorrem em *eletrodos*. Entre esses processos, encontram-se as reações de oxirredução que produzem espontaneamente energia elétrica, e as reações de oxirredução não espontâneas que são promovidas a partir de energia elétrica.

Os dispositivos que permitem a interconversão de energia química e elétrica chamam-se *células eletroquímicas*. Tais dispositivos são constituídos essencialmente por um par de eletrodos imersos em soluções eletrolíticas. O *cátodo* é o eletrodo onde uma espécie recebe elétrons, reduzindo-se. Já no *ânodo*, uma espécie transfere elétrons para o eletrodo, oxidando-se. Existem dois tipos de célula eletroquímica: voltaicas e eletrolíticas.

Células voltaicas ou galvânicas (pilhas): são células em que a energia elétrica é produzida a partir de reações de oxirredução *espontâneas*.

Células Eletrolíticas: nessas células, as reações não espontâneas são forçadas a ocorrer em função de um potencial elétrico externo aplicado aos eletrodos.

SOBRE PILHAS FAMOSAS

A primeira pilha descrita na literatura foi inventada em 1800 por Alessandro Volta. Consistia em pares de discos de Zn e Ag "empilhados", separados por folhas de papel umedecidas com água salgada. Nessa "pilha" de discos era possível detectar um leve choque elétrico ao se tocar, simultaneamente, suas duas extremidades.

Em 1836, utilizando o princípio da pilha de Volta, o químico inglês John Frederick Daniell montou uma pilha conhecida até hoje como *pilha de Daniell*. Ele empregou tiras de Zn e Cu (eletrodos); cada metal era imerso em uma solução do íon do próprio metal ($ZnSO_4$ e $CuSO_4$, por exemplo), mantendo-se as soluções separadas por uma barreira porosa de cerâmica. Cada metal e sua solução foram chamados de *meia célula*, e as meias células, eletricamente conectadas, de *célula voltaica*. Esse tipo de arranjo é ainda muito empregado, com o objetivo de explorar reações químicas espontâneas para gerar energia elétrica.

Em uma célula voltaica, duas meias células são conectadas de tal maneira que elétrons fluem de um eletrodo para o outro, através de um circuito externo, enquanto íons fluem de uma meia célula para a outra, através de uma conexão interna da célula, como uma separação porosa ou uma ponte salina, por exemplo.

A diferença máxima de potencial entre os eletrodos de uma célula voltaica é a *força eletromotriz* (fem). A fem, também chamada de *potencial da pilha* (E_{pilha}), é medida em volts (V) e é a responsável pela passagem de corrente elétrica pelo fio externo que conecta os eletrodos.

O E_{pilha}, em qualquer pilha, depende da natureza das reações químicas que estão ocorrendo, das concentrações (ou pressões parciais, no caso de gases) das espécies sofrendo oxidação e redução e da temperatura da pilha. Para concentrações de 1 mol/L (ou pressões parciais iguais a 1 atm), a 25 °C, a fem é denominada *potencial padrão da pilha* ($E°_{pilha}$).

LEITURA RECOMENDADA

Química Geral, Química Analítica ou Físico-Química: eletroquímica, células eletroquímicas e potenciais eletroquímicos.

PARTE EXPERIMENTAL

Material de uso geral

- Voltímetro digital (0-2,5 V) para corrente contínua
- Fios elétricos e terminais do tipo "jacaré"

PARTE A:
PILHA DE DANIELL SIMPLIFICADA E OUTRAS (COM UTILIZAÇÃO DE PONTE SALINA) [duração: 20-30 min/cada subitem]

Material e reagentes específicos

- Dois béqueres de 25 ou 50 mL
- Proveta de 25 mL
- Chumaço de palha de aço
- Papel-toalha
- Pedaço de papel-filtro (± 10 cm × 15 cm)
- Tira de zinco e uma de magnésio (de ± 0,5 cm × 8 cm)
- Prego novo de ferro, comum, de ± 8 cm de comprimento, lavado com acetona
- Eletrodo de grafite de 8 cm de comprimento (retirado de pilhas secas usadas) ou grafite para lapiseira de 2-3 mm de diâmetro
- Solução saturada de NaCl (sal de cozinha)
- Solução de sulfato de cobre ($CuSO_4 \cdot 5H_2O$) 25,0 g/L

Procedimento

Opção A-I Eletrodo de zinco × eletrodo de grafite

1. Limpe bem os eletrodos de zinco e grafite com palha de aço, lave-os com água destilada e seque-os com papel-toalha.
2. Coloque 20 mL de solução saturada de cloreto de sódio em um béquer e 20 mL da solução de sulfato de cobre em outro béquer.
3. Prenda cada um dos eletrodos com um terminal do tipo jacaré.
4. Introduza o eletrodo de Zn no béquer contendo a solução saturada de cloreto de sódio e o grafite no béquer contendo a solução de sulfato de cobre. (Cuidado para que o metal do terminal elétrico não entre em contato com a solução!)
5. Conecte o eletrodo de zinco ao polo negativo do voltímetro e o eletrodo de grafite ao polo positivo.
6. Anote a voltagem lida no voltímetro.
7. Dobre o papel-filtro de maneira a obter uma tira de ± 1 cm × 15 cm; molhe-o com a solução saturada de cloreto de sódio e mergulhe suas extremidades em cada uma das semicélulas, como se vê na Figura 10-1.
8. Anote a voltagem lida no voltímetro.

Opção A-II Eletrodo de magnésio × eletrodo de grafite

- Siga o procedimento A-I, substituindo o zinco por magnésio.

Opção A-III Eletrodo de ferro × eletrodo de grafite

- Siga o procedimento A-I, substituindo o zinco por ferro.

Discussão

1. Escreva as meias equações dos processos nos dois eletrodos e a equação química total.
2. Calcule o potencial teórico da pilha para cada caso e compare com os valores obtidos. Sugira uma explicação para as eventuais diferenças.

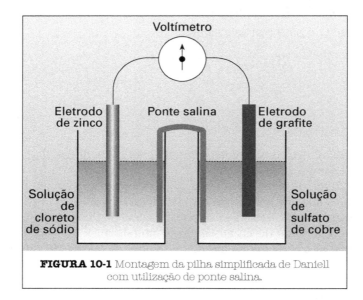

FIGURA 10-1 Montagem da pilha simplificada de Daniell com utilização de ponte salina.

PARTE B:
PILHA DE DANIELL SIMPLIFICADA E OUTRAS (COM SEPARAÇÃO POROSA) [duração: 20-30 min/cada subitem]

Material e reagentes específicos

- Tubo de vidro em U, com cerca de 1 cm de diâmetro, e cerca de 10 cm de altura
- Suporte com garra para prender o tubo
- Chumaço de algodão
- Tira de zinco e de magnésio (de ± 0,5 cm × 8 cm)
- Prego novo de ferro, comum, de ± 8 cm de comprimento, lavado com acetona
- Eletrodo de grafite de 8 cm de comprimento (retirado de pilhas secas usadas) ou grafite para lapiseira de 2-3 mm de diâmetro
- Solução de sal de cozinha ou cloreto de sódio (NaCl), 100 g/L
- Solução de sulfato de cobre ($CuSO_4 \cdot 5H_2O$), 25,0 g/L

Procedimento

Opção B-I Eletrodo de zinco × eletrodo de grafite

1. Limpe bem os eletrodos de zinco e grafite com palha de aço, lave-os com água destilada e seque-os com papel-toalha.
2. Coloque no fundo do tubo em U um pouco de algodão compactado e molhado com a solução de NaCl, de forma a impedir a mistura dos líquidos nos dois braços do tubo, conforme mostrado na Figura 10-2.
3. Prenda o tubo num suporte com garra.
4. Adicione a um braço do tubo um volume apropriado de solução de cloreto de sódio até 1-2 cm abaixo da abertura do tubo. Em seguida, coloque no outro braço a solução de sulfato de cobre com o mesmo cuidado.
5. Prenda cada eletrodo com um terminal tipo jacaré.
6. Introduza o eletrodo de zinco no braço do tubo contendo a solução de cloreto de sódio e o eletrodo de grafite no braço contendo a solução de sulfato de cobre. (Cuidado para o metal da conexão elétrica não entrar em contato com a solução!)
7. Conecte o eletrodo de zinco ao polo negativo do voltímetro e o eletrodo de grafite ao polo positivo.
8. Anote a voltagem lida no voltímetro.

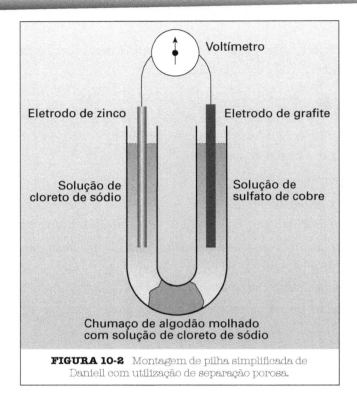

FIGURA 10-2 Montagem de pilha simplificada de Daniell com utilização de separação porosa.

Opção B-II Eletrodo de magnésio × eletrodo de grafite

- Siga o procedimento B-I, substituindo o zinco por magnésio.

Opção B-III Eletrodo de ferro × eletrodo de grafite

- Siga o procedimento B-I, substituindo o zinco por ferro.

Discussão

1. Compare os resultados desse experimento com os do experimento A. Qual das duas montagens (A ou B) apresenta maior eficiência?
2. Para cada par de eletrodos, compare as voltagens lidas nas duas montagens (com ponte salina e com separação porosa) e sugira uma explicação para as eventuais diferenças observadas.
3. Mostre na Figura 10-2 a direção do fluxo de elétrons no circuito externo e a direção preferencial dos íons presentes no circuito interno.
4. Quais fatores determinam a vida útil das pilhas estudadas?

PARTE C:
OBSERVAÇÃO DE TRANSFORMAÇÕES QUÍMICAS OCORRENDO EM UMA PILHA [duração: 20-30 min]

Material e reagentes

- Tubo de vidro em U, com cerca de 1 cm de diâmetro e cerca de 10 cm de altura
- Suporte com garra para prender o tubo
- Chumaço de algodão
- Tira de zinco de 8 cm de comprimento
- Tira de aço inox de 8 cm de comprimento
- Eletrodo de grafite de 8 cm de comprimento (retirado de pilhas secas usadas) ou grafite para lapiseira de 2 a 3 mm de diâmetro
- Amperímetro (opcional)
- Solução de sal de cozinha ou cloreto de sódio (NaCl), 100 g/L
- Solução de sulfato de cobre ($CuSO_4 \cdot 5H_2O$), 125,0 g/L

Procedimento

1. Escolha um eletrodo de zinco e um de grafite (ou de aço inox).
2. Limpe bem os eletrodos de zinco e grafite com palha de aço, lave-os com água destilada e seque-os com papel toalha.
3. Coloque no fundo do tubo em U um pouco de algodão compactado e molhado com a solução de NaCl, de forma a impedir a mistura dos líquidos nos dois braços do tubo, conforme se vê na Figura 10-2.
4. Prenda o tubo num suporte com garra.
5. Adicione a um braço do tubo um volume apropriado de solução de NaCl até 1-2 cm abaixo da abertura do tubo. Em seguida, coloque no outro braço a solução de $CuSO_4$ com o mesmo cuidado.
6. Insira o eletrodo de zinco no lado do tubo contendo a solução de NaCl, e o de grafite (ou aço inox), no outro lado.
7. Ligue os dois eletrodos diretamente com um fio de cobre e terminais tipo jacaré. Se você dispõe de um amperímetro, ligue-o ao circuito externo e observe a amperagem.
8. Observe durante 10 minutos as mudanças na superfície dos eletrodos.

Observação: se não notar mudanças após 10 minutos, fale com o professor, para rever o sistema.

Discussão

- Interprete os fenômenos observados.

PARTE D:
MONTAGEM DE UMA PILHA ECONÔMICA
[duração: 20-30 min/cada subitem]

Este experimento representa a forma mais econômica de demonstrar o princípio do funcionamento de uma pilha eletroquímica.

Material e reagentes

- Placa de vidro de aproximadamente 5 cm × 10 cm
- Tira de papel-filtro de tamanho um pouco inferior ao da placa
- Tira de cobre
- Tira de zinco
- Tira de magnésio
- Prego novo, de ferro, lavado com acetona
- Eletrodo de grafite
- Solução de sal de cozinha ou cloreto de sódio (NaCl), 100 g/L
- Sulfato de cobre ($CuSO_4 \cdot 5H_2O$) sólido (aproximadamente 10 mg)
- Voltímetro

Procedimento

Opção D-I Eletrodo de zinco × eletrodo de cobre ou grafite

1. Molhe a tira de papel-filtro com a solução de cloreto de sódio.
2. Estenda o papel sobre a placa de vidro mantida em posição horizontal.
3. Coloque em uma extremidade do papel uma "pitadinha" de sulfato de cobre sólido.
4. Prenda cada eletrodo de zinco e de cobre (ou grafite) com terminais tipo jacaré.
5. Conecte o eletrodo de zinco ao polo positivo e o eletrodo de cobre ao polo negativo do voltímetro.
6. Encoste os eletrodos sobre as extremidades do papel (o eletrodo de cobre ou grafite sobre o lado em que foi colocado o sulfato de cobre).
7. Anote a voltagem observada no voltímetro.

Opção D-II Eletrodo de magnésio × eletrodo de cobre ou grafite
- Siga o procedimento D-I, substituindo o zinco por magnésio.

Opção D-III Eletrodo de ferro × eletrodo de cobre ou grafite
- Siga o procedimento D-I, substituindo o zinco por ferro.

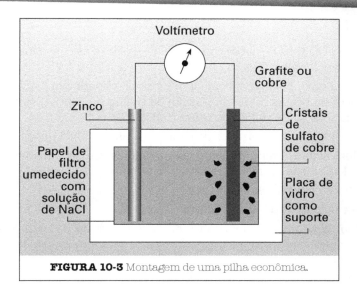

FIGURA 10-3 Montagem de uma pilha econômica.

Discussão

- Compare os resultados dessa experiência com aqueles das experiências A e B.

PARTE E:
PILHA DE CONCENTRAÇÃO [duração: 20-30 min]

Material e reagentes específicos

- Dois béqueres de 50 ou 100 mL
- Proveta de 25 mL
- Chumaço de palha de aço
- Papel-toalha
- Pedaço de papel-filtro ($\pm$ 10 cm $\times$ 15 cm)
- Solução de sulfato de cobre ($CuSO_4 \cdot 5H_2O$), 250 g/L
- Solução de sulfato de cobre ($CuSO_4 \cdot 5H_2O$), 0,025 g/L
- Duas tiras de cobre de cerca de 0,5 cm $\times$ 8 cm
- Solução de sulfato de ferro(II) ($FeSO_4 \cdot 7 H_2O$), 278 g/L, ou, melhor, ($Fe(NH_4)_2(SO_4)_2 \cdot 6 H_2O$), 392 g/L
- Solução de sulfato de ferro(II) ($FeSO_4 \cdot 7 H_2O$), 0,028 g/L, ou, melhor, ($Fe(NH_4)_2(SO_4)_2 \cdot 6 H_2O$) 0,039 g/L
- Dois pregos novos, de ferro comum, de 6 a 8 cm de comprimento, lavados com acetona
- Solução saturada de sal de cozinha ou cloreto de sódio (NaCl)

Procedimento

1. Limpe bem as tiras de cobre com palha de aço, lave-as com água destilada e seque-as com papel-toalha.
2. Utilizando uma montagem como a descrita no experimento A (com ponte salina), coloque num béquer 20 ml da solução de sulfato de cobre (250 g/L) e, num outro, 20 ml da solução de sulfato de cobre (0,025 g/L).
3. Prenda cada um dos eletrodos de cobre com um terminal tipo jacaré.
4. Introduza cada eletrodo de cobre em um béquer. Cuidado para que o metal do terminal elétrico não entre em contato com a solução!
5. Conecte os eletrodos ao voltímetro.
6. Anote a voltagem lida no voltímetro.
7. Dobre o papel-filtro de maneira a obter uma tira de ± 1 cm × 15 cm, molhe-a com a solução saturada de NaCl e mergulhe suas extremidades em cada uma das semicélulas.
8. Anote a voltagem lida no voltímetro.
9. Repita a experiência substituindo os eletrodos de cobre por eletrodos de ferro e as soluções de sulfato de cobre por soluções de sulfato de ferro.

Discussão

1. Quais são as semirreações envolvidas nessa pilha?
2. Quais fatores determinam a vida útil das pilhas de concentração?

PARTE F:
PILHA DE FRUTAS/LEGUMES [duração: 15-20 min/cada combinação]

Material e reagentes específicos

- Tiras de cobre, zinco e ferro
- Pregos novos de ferro, lavados com acetona
- Diversas frutas ou tubérculos de consistência firme: maçã, batata, mandioca etc.

Procedimento

1. Limpe bem os eletrodos metálicos com palha de aço, lave-os com água destilada e seque-os com papel-toalha.
2. Insira numa fruta ou tubérculo uma tira de zinco e outra de cobre, uma paralela à outra, separadas por ± 1 cm, no máximo.
3. Conecte os eletrodos, presos a terminais tipo jacaré, a um voltímetro, conforme Figura 10-4.
4. Anote a voltagem lida no voltímetro.

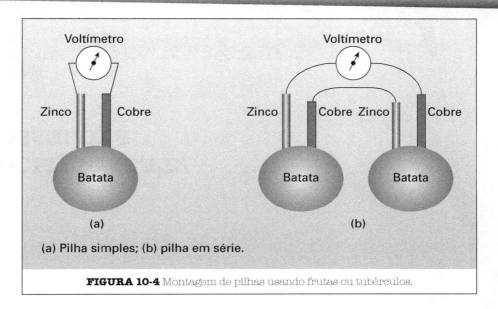

FIGURA 10-4 Montagem de pilhas usando frutas ou tubérculos.

Discussão

1. Quais as semirreações envolvidas nessas pilhas de frutas/tubérculos?
2. Qual é o papel do eletrodo de cobre?

BIBLIOGRAFIA

1. Ebbing, D. Wrighton, M. S. *General Chemistry*, 3. ed. Boston: Houghton Mifflin Company, 1990.
2. Denaro, A. R. *Fundamentos de Eletroquímica*. São Paulo: Ed. Edgard Blücher, 1994.
3. Carvalho de Sales, L. A. *Eletroquímica - Experiências, Leis e Conceitos Fundamentais*. São Paulo: Fund. Salim Farah Maluf, 1986.
4. Roesky, H. W.; Möckel, K. *Chemical Curiosities*. Weinheim: VCH, 1996.

ROTEIRO 11

PROCESSOS ELETROLÍTICOS

OBJETIVO

- Conhecer diversos exemplos de processos eletrolíticos, empregando substratos inorgânicos em meio aquoso.

INTRODUÇÃO

[Veja também o Roteiro 8 "Estudo de reações de oxidação-redução"]

Quando certas substâncias, geralmente eletrólitos em solução ou em estado fundido, são submetidas a uma diferença de potencial elétrico podem sofrer transformações químicas, correspondentes a reações de oxidação-redução (transferência de elétrons). Esse tipo de transformação é chamado de *eletrólise*.

O *cátodo*, eletrodo negativo para onde os cátions se dirigem, fornece elétrons e, portanto, sempre apresenta propriedades redutoras. Em soluções aquosas de eletrólitos, cátions metálicos podem ser transformados, no cátodo, para um estado de oxidação inferior:

$$Fe^{3+} + e^- \longrightarrow Fe^{2+}$$

Cátions metálicos também podem ser reduzidos ao estado elementar, o que leva à deposição de metais no eletrodo (eletrodeposição):

$$Cu^{2+} + 2\,e^- \longrightarrow Cu\downarrow$$

As moléculas do solvente também podem ser reduzidas no cátodo:

$$H_2O + e^- \longrightarrow {}^1\!/_2\,H_2\uparrow + OH^-$$

O *ânodo*, eletrodo positivo para onde os ânions se dirigem, age como sumidouro de elétrons e, portanto, apresenta sempre propriedades oxidantes. Assim, ânions podem ser transformados, no ânodo, para um estado de oxidação superior, como é o caso da oxidação do clorato em perclorato, em que, no clorato, o cloro encontra-se no estado de oxidação V; no perclorato, o estado de oxidação do cloro é VII.

$$\underset{\text{clorato}}{ClO_3^-} + 3\,H_2O \longrightarrow \underset{\text{perclorato}}{ClO_4^-} + 2\,H_3O^+ + 2\,e^-$$

Certos ânions também podem ser oxidados ao estado elementar:

$$Cl^- \longrightarrow \text{½}\,Cl_2\uparrow + e^-$$

$$2\,OH^- \longrightarrow \text{½}\,O_2\uparrow + H_2O + 2\,e^-$$

Os cátions de alguns metais são oxidados no ânodo, com deposição de óxidos de estados de oxidação superiores:

$$Pb^{2+} + 6\,H_2O \longrightarrow \underset{\text{dióxido de chumbo}}{PbO_2\downarrow} + 4\,H_3O^+ + 2\,e^-$$

As moléculas do solvente também podem ser oxidadas no ânodo:

$$3\,H_2O \longrightarrow \text{½}\,O_2\uparrow + 2\,H_3O^+ + 2\,e^-$$

Ânodos metálicos sofrem *corrosão oxidativa* em processos eletrolíticos denominados *dissolução anódica*; por exemplo:

$$Cu \longrightarrow Cu^{2+} + 2\,e^-$$

Quando submetemos uma solução de cloreto de cobre à eletrólise, temos as seguintes reações de redução e oxidação no cátodo e no ânodo:

no cátodo	$Cu^{2+} + 2\,e^-$	$\longrightarrow$	$Cu\downarrow$	
no ânodo	$2\,Cl^-$	$\longrightarrow$	$Cl_2\uparrow$	$+ 2\,e^-$
reação total	$Cu^{2+} + 2\,Cl^-$	$\longrightarrow$	$Cu\downarrow$	$Cl_2\neq$

Dessa maneira, obtivemos, com ajuda da energia elétrica, uma *reação química não espontânea* ou *reação forçada*. Essa reação ocorre espontaneamente no sentido contrário, ou seja, o cobre metálico reage com o cloro elementar com formação de cloreto de cobre e fornecimento de energia.

A eletrólise representa um valioso método produtivo no laboratório e na indústria. O processo eletrolítico industrial mais importante é a produção de soda cáustica (hidróxido de sódio) e cloro, por eletrólise de cloreto de sódio em meio aquoso. Os metais alumínio, magnésio, cálcio, sódio e potássio são produzidos exclusivamente por eletrólise de sais fundidos. Os metais cobre, níquel, zinco e outros são refinados eletroliticamente. Recobrimentos metálicos são produzidos por eletrodeposição ou galvanostegia. De todo o hidrogênio produzido mundialmente, 10% são obtidos mediante a eletrólise. Outros produtos obtidos industrialmente por processos eletrolíticos são: flúor elementar (F_2) e compostos organofluorados, peróxido de hidrogênio (H_2O_2), clorato e perclorato de sódio ($NaClO_3$ e $NaClO_4$), permanganato de potássio ($KMnO_4$), dióxido de manganês (MnO_2), anilina ($C_6H_5NH_2$), e adiponitrila ($NC(CH_2)_4CN$), um produto intermediário na fabricação de náilon.

LEITURA RECOMENDADA

Química Geral: reações de oxidação-redução, eletroquímica, eletrólise.

PARTE EXPERIMENTAL

Equipamento e material de uso geral

- Fonte de corrente contínua de aproximadamente 6-10 V (por exemplo, uma pilha seca de 9 V)
- Tubo de vidro em forma de U, com diâmetro de 0,5-1 cm e altura de 10-12 cm
- Suporte com garra para prender o tubo
- Fios de cobre
- Dois terminais tipo jacaré

Observações gerais

- Os eletrodos devem ser limpos (se for necessário, limpe a superfície dos eletrodos com palha de aço e, em seguida, lave-os com água destilada).
- Preencha o tubo em U até 1 a 2 cm da borda superior com a solução a ser eletrolisada.
- Seque as bordas do tubo com papel-toalha antes de colocar os eletrodos.
- Evite que os conectores entrem em contato com a solução no tubo.

PARTE A:
ELETRODEPOSIÇÃO DE UM METAL: ELETRÓLISE DE UMA SOLUÇÃO DE SULFATO DE COBRE [duração: 15-20 min]

Material e reagentes específicos

- Dois eletrodos de grafite de 6-8 cm de comprimento (podem ser retirados de pilhas secas usadas) ou grafite para lapiseira de 2 a 3 mm de diâmetro
- Duas tiras de aço inox de 0,5 cm × 8 cm (podem ser encontradas na sucata)
- Solução de sulfato de cobre ($CuSO_4 \cdot 5 H_2O$), 25,0 gl/L
- Ácido nítrico (HNO_3) diluído na proporção 1:1

Processos eletrolíticos

Procedimento

1. Limpe bem os eletrodos com palha de aço e lave-os com água destilada.
2. Prenda o tubo em um suporte com garra.
3. Preencha o tubo com a solução de sulfato de cobre até 1-2 cm da abertura e seque as bordas com papel-toalha.
4. Prenda cada eletrodo de grafite ou aço inox com um terminal tipo jacaré.
5. Coloque os dois eletrodos nas extremidades do tubo.
6. Mostre a montagem ao professor.
7. Conecte os eletrodos à fonte de tensão e observe os fenômenos que ocorrem nos dois eletrodos durante alguns minutos. (Se a deposição de cobre não for percebida em até 5 minutos, consulte o professor, para rever o circuito elétrico.)
8. Desligue a fonte e retire os eletrodos do tubo.
9. Para remover o cobre metálico, coloque o eletrodo na solução de ácido nítrico até o desaparecimento total do depósito avermelhado. Em seguida, lave os eletrodos com água destilada.
10. A solução de sulfato de cobre pode ser guardada e reutilizada.

Discussão

1. Interprete os fenômenos observados nos eletrodos.
2. O cobre metálico se depositou no cátodo ou no ânodo?
3. Escreva as equações químicas para as semirreações ocorridas nos dois eletrodos e para a reação total.
4. Por que devemos usar um ânodo inerte nesse experimento?

PARTE B:
OXIDAÇÃO ANÓDICA: DISSOLUÇÃO ANÓDICA DE COBRE METÁLICO
[duração: 15-20 min]

Materiais e reagentes específicos

- Dois eletrodos de cobre de ± 8 cm de comprimento (fios de 1 a 2 mm de diâmetro ou tiras de 0,5 cm de largura)
- Solução de sulfato de sódio (Na_2SO_4), 14,2 g/L

Procedimento

1. Coloque um chumaço de algodão compactado e embebido com solução de sulfato de sódio no fundo do tubo em U, de forma a impedir a mistura dos líquidos nos dois braços do tubo, conforme mostrado na Figura 10-2 (roteiro 10 "Pilhas eletroquímicas").
2. Prenda o tubo em um suporte com garra.
3. Preencha os dois lados do tubo com a solução de sulfato de sódio até 1 a 2 cm da abertura e seque as bordas com papel toalha.
4. Prenda cada um dos eletrodos de cobre com um terminal tipo jacaré.

5. Coloque os dois eletrodos de cobre nas duas extremidades do tubo.
6. Mostre a montagem ao professor.
7. Conecte os eletrodos à fonte de tensão e observe os fenômenos que ocorrem nos dois lados. (Se a dissolução do cobre não for observada em até 5 minutos, consulte o professor, para rever o circuito elétrico).
8. Desligue a fonte, retire os eletrodos do tubo e lave-os com água destilada.

Discussão

1. Interprete os fenômenos observados nos eletrodos.
2. Explique a origem da coloração azul observada na solução em torno de um dos eletrodos.
3. Escreva as equações químicas para as semirreações ocorridas nos eletrodos e para a reação total.

PARTE C:
OXIDAÇÃO ANÓDICA: DEPOSIÇÃO ELETROLÍTICA DE DIÓXIDO DE MANGANÊS [duração: 15-20 min]

Material e reagentes específicos

- Dois eletrodos de aço inox (tiras de 0,5 cm × 8 cm)
- Solução de sulfato de manganês ($MnSO_4 \cdot H_2O$), 16,9 g/L
- Peróxido de hidrogênio (H_2O_2) diluído na proporção 1:5
- Ácido clorídrico concentrado

Procedimento experimental

1. Prenda o tubo em um suporte com garra.
2. Preencha o tubo com a solução de sulfato de manganês.
3. Prenda cada eletrodo de aço inox com um terminal tipo jacaré.
4. Coloque os dois eletrodos nas duas extremidades do tubo.
5. Mostre a montagem ao professor.
6. Conecte os fios à fonte de tensão e observe os fenômenos ocorridos nos eletrodos durante alguns minutos.
   Se a formação de dióxido de manganês (depósito escuro em um dos eletrodos) não for observada em até 5 minutos, consulte o professor para rever o circuito elétrico.
7. Desligue a fonte e retire os eletrodos do tubo.
8. Para provar a identidade do depósito, coloque o eletrodo dentro de uma solução de peróxido de hidrogênio. O dióxido de manganês catalisa a decomposição de peróxido de hidrogênio, provocando um forte borbulhamento de oxigênio.
9. Para remover o dióxido de manganês, coloque o ânodo em ácido clorídrico concentrado até a completa dissolução do depósito preto. Em seguida, lave o eletrodo com água destilada.
10. A solução de sulfato de manganês pode ser guardada e reutilizada.

Discussão

1. Interprete os fenômenos observados nos eletrodos.
2. Escreva as equações químicas para as semirreações ocorridas nos eletrodos e para a reação total.

PARTE D:
DEPOSIÇÃO SIMULTÂNEA DE COBRE METÁLICO E DIÓXIDO DE MANGANÊS [duração: 15-20 min]

Material e reagentes específicos

- Dois eletrodos de aço inox (tiras de ± 0,5 cm × 8 cm)
- Solução de sulfato de cobre ($CuSO_4 \cdot 5H_2O$), 25,0 g/L
- Solução de sulfato de manganês ($MnSO_4 \cdot H_2O$), 16,9 g/L
- Ácido nítrico (HNO_3) diluído na proporção 1:1
- Ácido clorídrico concentrado
- Solução de peróxido de hidrogênio (H_2O_2) diluído na proporção 1:5

Procedimento

1. Prenda o tubo em um suporte com garra.
2. Preencha o tubo com uma mistura de volumes iguais das soluções de sulfato de cobre e de sulfato de manganês até 1 a 2 cm da abertura e seque as bordas com papel-toalha.
3. Prenda cada um dos eletrodos de aço inox com um terminal tipo jacaré.
4. Coloque os dois eletrodos nas duas extremidades do tubo.
5. Mostre a montagem ao professor.
6. Conecte os fios à fonte de tensão e observe os fenômenos ocorridos nos eletrodos durante alguns minutos. Se o efeito não aparecer em até 5 minutos, consulte o professor.
7. Desligue a fonte e retire os eletrodos do tubo.
8. Identifique os depósitos formados (cobre metálico e dióxido de manganês) nos dois eletrodos, conforme descrito na parte C, item 8.
9. Para remover o cobre metálico, coloque o eletrodo na solução de ácido nítrico até o desaparecimento total do depósito avermelhado. Em seguida, lave os eletrodos com água destilada.
10. Para remover o dióxido de manganês, coloque o eletrodo em ácido clorídrico concentrado até a completa dissolução do depósito preto. Em seguida, lave o eletrodo com água destilada.
11. A solução de $CuSO_4/MnSO_4$ pode ser guardada e reutilizada.

Discussão

1. Interprete os fenômenos observados nos eletrodos.
2. Classifique os eletrodos, onde ocorreram a deposição de cobre e de dióxido de manganês, como cátodo ou ânodo.
3. Escreva as equações químicas para as reações ocorridas em cada um dos eletrodos e para a reação total.

PARTE E:
ELETRÓLISE DE UMA SOLUÇÃO DE IODETO DE ZINCO
[duração: 15-20 min]

Material e reagentes específicos

- Dois eletrodos de grafite de ± 8 cm de comprimento
- Solução de iodeto de zinco (ZnI_2), que pode ser preparada da seguinte maneira:

  Coloca-se 1 g de zinco metálico (em forma de pó ou de palha) e 3 g de iodo em 100 mL de água destilada. Guarda-se a mistura em recipiente fechado durante alguns dias, com agitação ocasional, até obter uma solução incolor. Utiliza-se a solução decantada do excesso de zinco para o experimento de eletrólise.

- Solução de sulfato de zinco ($ZnSO_4 \cdot 7H_2O$), 28,7 g/L
- Solução de iodeto de potássio (KI), 16,6 g/L
- Ácido nítrico (HNO_3) diluído na proporção 1:1

Procedimento

1. Prenda o tubo em um suporte com garra.
2. Preencha o tubo com a solução de iodeto de zinco até 1 a 2 cm da abertura e seque as bordas com papel-toalha.
3. Prenda cada um dos eletrodos de grafite com um terminal tipo jacaré.
4. Coloque os dois eletrodos nas extremidades do tubo.
5. Mostre a montagem ao professor.
6. Conecte os dois eletrodos à fonte de tensão e observe os fenômenos que ocorrem nos dois eletrodos durante alguns minutos. Se o efeito não aparecer em até 5 minutos, consulte o professor para revisão do sistema.
7. Desligue a fonte e retire os eletrodos do tubo.
8. Para remover o zinco metálico, coloque o eletrodo na solução de ácido nítrico até o desaparecimento total do depósito metálico. Em seguida, lave o eletrodo com água destilada.
9. Lave o outro eletrodo com álcool para remover restos de iodo.

Reaproveitamento de reagentes

- A solução eletrolisada de iodeto de zinco pode ser guardada sobre zinco metálico e reutilizada posteriormente. O iodo e seus compostos têm um custo elevado. Portanto o reaproveitamento da solução usada de iodeto de zinco representa uma economia considerável para o experimento.

Discussão

1. Interprete os fenômenos observados nos eletrodos.
2. Classifique os eletrodos, onde observou a deposição de zinco e a formação de iodo, como cátodo ou ânodo.
3. Escreva as equações químicas para as semirreações ocorridas nos dois eletrodos e para a reação total.

VARIANTE:
ELETRÓLISE DE UMA SOLUÇÃO DE SULFATO DE ZINCO E IODETO DE POTÁSSIO [duração 15-20 min]

Procedimento experimental

- Siga o procedimento descrito na experiência anterior, utilizando uma mistura das soluções de sulfato de zinco e de iodeto de potássio na proporção 1:1, em vez da solução de iodeto de zinco.

Descarte de resíduos

- A solução eletrolisada pode ser despejada na pia.

Discussão

1. Compare e discuta o resultado com aquele do experimento anterior.
2. A presença de cátions de potássio e de ânions sulfato tem algum efeito sobre o resultado do processo eletrolítico observado?

BIBLIOGRAFIA

1. Kirk-Othmer. *Encyclopedia of Chemical Technology*, 3. ed. New York: J. Wiley, 1979.
2. Büchner, W.; Schliebs, R.; Winter, G.; Büchel, K. H. *Industrial Inorganic Chemistry*. Weinheim: Verlag Chemie, 1989.

ROTEIRO 12

REATIVIDADE DE METAIS

OBJETIVO

- Obter conhecimentos sobre a reatividade de diversos metais comuns frente a diversos ácidos, bases e outros agentes oxidantes.

INTRODUÇÃO

[Veja também os Roteiros 8 ("Estudos de reaçõers de oxidação-redução") e 10 ("Pilhas eletroquímicas").]

Em princípio, todos os metais podem atuar como agentes *redutores*, sendo oxidados com maior ou menor facilidade na presença de agentes oxidantes, conforme a expressão geral:

$$M \longrightarrow M^{n+} + n\, e^-$$

O *potencial padrão de oxidação* atribuído a esse processo (E_{ox}) é um indicador da reatividade dos metais. Quanto mais positivo E_{ox}, tanto maior a força redutora e, consequentemente, maior a reatividade de um determinado metal frente a um dado agente oxidante. Os valores do potencial de oxidação dos metais variam entre + 3,0 e – 1,0 V.

Os metais mais reativos, isto é, aqueles que apresentam valores de E_{ox} próximos a + 3 V, reagem espontaneamente com água, um agente oxidante relativamente fraco, com desprendimento de hidrogênio. Exemplos desse tipo são sódio, potássio e cálcio.

$$2\,Na + 2\,H_2O \longrightarrow 2\,NaOH + H_2\uparrow$$

A maioria dos metais, no entanto, apresenta reatividade moderada, com E_{ox} entre 0 e +2,5 V. Metais como manganês, cádmio ou níquel são dissolvidos por *ácidos comuns diluídos*, tais como ácido acético, ácido clorídrico, ácido sulfúrico, que apresentam um poder oxidante mais forte que água, com desprendimento de hidrogênio:

$$Mn + H_2SO_4 \longrightarrow MnSO_4 + H_2\uparrow$$

Alguns desses metais também são oxidados em meio básico, com desprendimento de hidrogênio e formação de hidroxocomplexos solúveis, por exemplo:

$$M + 2\, NaOH + 2\, H_2O \longrightarrow Na_2M(OH)_4 + H_2\uparrow$$

Os metais que reagem tanto com ácidos como com bases são chamados de *anfóteros*.

Metais com valores negativos de E_{ox}, como, por exemplo, prata e ouro, são mais resistentes à oxidação e são chamados de *metais nobres*. Esses metais podem ser dissolvidos apenas em *ácidos fortemente oxidantes*, como ácido nítrico, por exemplo:

$$Ag + 2\, HNO_3 \longrightarrow AgNO_3 + NO_2\uparrow + H_2O$$

Ácidos comuns em presença de oxidantes fortes, por exemplo mistura de ácido acético e peróxido de hidrogênio, têm o mesmo efeito de ácidos oxidantes:

$$Cu + 2\, CH_3COOH + H_2O_2 \longrightarrow Cu(OCOCH_3)_2 + 2\, H_2O$$

Observe que nesses últimos casos não há formação de hidrogênio.

Todos os processos de *corrosão* de metais correspondem a reações de oxidação. Na corrosão em condições atmosféricas (por exemplo, a formação de *ferrugem*), o oxidante geralmente é o oxigênio do ar, e a reação ocorre muito lentamente:

$$4\, Fe + 3\, O_2 + 6\, H_2O \longrightarrow 4\, Fe(OH)_3$$

LEITURA RECOMENDADA

Química Inorgânica: a química dos metais magnésio, alumínio, estanho, chumbo, ferro, cobre e zinco.

Química Geral: potenciais de oxidação.

PARTE EXPERIMENTAL

PARTE A:

REAÇÃO DE DIVERSOS METAIS COM ÁCIDOS E BASES [duração: aprox. 2 horas para estudo de três ou quatro metais]

Material e reagentes

- Tubos de ensaio
- Estante para tubos de ensaio
- Bico de Bunsen
- Pequenos pedaços de alumínio, chumbo, cobre, estanho, ferro (pregos comuns, lavados com acetona para remover a graxa protetora), magnésio e zinco
- Ácido acético (CH_3COOH) diluído na proporção 1:4
- Ácido clorídrico (HCl) diluído na proporção 1:3
- Ácido clorídrico (HCl) diluído na proporção 1:1
- Ácido nítrico (HNO_3) diluído na proporção 1:6
- Ácido nítrico (HNO_3) diluído na proporção 1:2,5
- Solução de hidróxido de sódio (NaOH), 100 g/L
- Solução de peróxido de hidrogênio (H_2O_2) diluído na proporção 1:2.

> **Atenção:** ácidos, bases e peróxido de hidrogênio concentrados são substâncias agressivas e devem ser manipuladas com o devido cuidado.

Procedimento

1. Escolha três ou quatro dos metais relacionados.
2. Trate quatro pequenos pedaços de cada um dos metais escolhidos em tubos de ensaio separados, com 2-3 mL dos seguintes reagentes e observe os casos em que há uma reação (aqueça eventualmente, sem ferver):
   a) ácido acético, diluição 1:4;
   b) ácido clorídrico, diluição 1:3:
   c) ácido clorídrico, diluição 1:1;
   d) hidróxido de sódio 100 g/L.
3. Em novos tubos de ensaio, trate três pequenos pedaços dos metais que não foram atacados por nenhum dos reagentes (a) a (d) com 2 a 3 mL dos seguintes reagentes, separadamente, e observe os casos em que há reação:
   e) ácido nítrico, diluição 1:6;
   f) ácido nítrico, diluição 1:2,5;
   g) ácido acético, diluição 1:4 + algumas gotas da solução de peróxido de hidrogênio.

4. Registre os casos em que ocorreu reação química com os metais e descreva as mudanças observadas: dissolução completa ou parcial do metal, desprendimento de calor, evolução de gás (tente identificar o gás desprendido), mudanças na superfície do metal, formação de precipitados, coloração das soluções resultantes etc.
5. Identifique os produtos de reação observados.

Descarte dos resíduos

- As soluções, após diluição, podem ser despejadas na pia.
- As sobras de alumínio, magnésio e ferro devem ser depositadas na lixeira.
- As sobras dos outros metais devem ser lavadas e guardadas separadamente para nova utilização.

Discussão

1. Apresente equações químicas completas correspondentes às reações observadas.
2. Coloque os metais pesquisados em ordem crescente de reatividade frente aos agentes oxidantes empregados. Justifique sua resposta.
3. Quais dos metais pesquisados são anfóteros?
4. Indique alguns metais que reagem espontaneamente com água.
5. De um modo geral, os metais podem ser obtidos por redução dos respectivos óxidos com hidrogênio a temperaturas elevadas:

$$MO + H_2 \longrightarrow M + H_2O$$

Quais dos metais pesquisados serão mais facilmente obtidos por essa reação? Justifique sua resposta.
6. Por que frutas e verduras enlatadas devem ser retiradas imediatamente após a abertura da embalagem?
7. Por que frutas e verduras não devem ser fervidas em panelas de alumínio?
8. Por que não devemos comprar produtos enlatados quando a embalagem estiver amassada?
9. Podemos estocar uma solução concentrada de hidróxido de potássio em tanques de ferro ou de alumínio? Justifique sua resposta.

PARTE B:
REATIVIDADE DO ALUMÍNIO [duração: aprox. 1h30min]

O alumínio é um metal bastante eletropositivo (eletronegatividade 1,6; potencial padrão de oxidação 1,67 V), consequentemente, deveria ser altamente reativo, podendo ser oxidado até mesmo por água. Na realidade, muitas reações esperadas do alumínio são inibidas ou retardadas em comparação com outros metais com E_{ox} similares. Isso se deve à formação de uma camada superficial fina e compacta de óxido e hidróxido de alumínio, quimicamente inerte, que protege o alumínio de uma corrosão mais profunda. A camada protetora pode ser reforçada por oxidação anódica, tornando o alumínio ainda mais resistente frente à corrosão. Graças a esse fenômeno, o alumínio tem encontrado inúmeras aplicações na engenharia mecânica (aviação, componentes de motores), na eletrotécnica (cabos), na construção civil (esquadrias), indústria de alimentos e utensílios domésticos (tanques, embalagens, panelas).

Nos experimentos seguintes será demonstrado que o alumínio pode ser ativado, retirando-se a película protetora.

Material e reagentes

- Tubos de ensaio
- Estante para tubos de ensaio
- Lixa fina (lixa d'água n.° 360)
- Lâmina de papel-alumínio
- Lâmina de alumínio (espessura mínima 0,1 mm)
- Iodo
- Iodeto de potássio
- Solução de cloreto de mercúrio(II) $HgCl_2$ 5 g/L

Cuidado: compostos de mercúrio são tóxicos. Evite que se espalhem.

Procedimento

Parte B-I Ativação do alumínio lixando a superfície

1. Coloque uma lâmina fina de alumínio (papel-alumínio) sobre a boca de um tubo de ensaio, fazendo uma pequena depressão.
2. Lixe levemente a superfície de uma outra lâmina fina de alumínio (papel-alumínio) com uma lixa fina e coloque-a da mesma maneira sobre outro tubo de ensaio, com a superfície lixada para cima.
3. Coloque sobre as duas lâminas alguns miligramas de iodo e algumas gotas de solução de iodeto de potássio.
4. Observe o efeito corrosivo nas duas lâminas durante 1 hora.
5. Compare o tempo necessário para que a corrosão chegue a furar as duas lâminas.
6. Comente as observações.

Explicação: O iodo ataca o alumínio metálico de acordo com a seguinte reação:

$$2\ Al + 3\ I_2 \longrightarrow 2\ AlI_3$$

Parte B-II Ativação do alumínio por amalgamação

1. Lixe a superfície de uma lâmina de alumínio (espessura mínima 0,1 mm) com uma lixa fina.
2. Esfregue a superfície lixada com um pedaço de papel-filtro ou cotonete molhado com uma gota de solução de cloreto de mercúrio(II).
3. Observe o efeito corrosivo na superfície do alumínio após alguns minutos.

Explicação: O cloreto de mercúrio reage com o alumínio:

$$3\ HgCl_2 + 2\ Al \longrightarrow 3\ Hg + 2\ AlCl_3$$

O mercúrio metálico produzido nessa reação primária ativa o alumínio pela formação de um amálgama, que reage agora com o vapor de água da atmosfera:

$$2\ Al + 6\ H_2O \longrightarrow 2\ Al(OH)_3\downarrow + 3\ H_2\uparrow$$

O hidróxido de alumínio aparece em forma de filamentos brancos (barba) sobre a superfície do metal.

Descarte de resíduos

- As lâminas de alumínio usadas podem ser jogadas na lixeira (a contaminação com mercúrio é desprezível).

ROTEIRO 13

ESTUDO DE UM NÃO METAL: ENXOFRE

OBJETIVO

- Conhecer algumas propriedades físicas e químicas do enxofre elementar.

INTRODUÇÃO

O enxofre pertence à família dos *calcogênios*, nome esse derivado do grego *calcos* (minério) e *gennan* (gerar), e atribuído aos elementos do sexto grupo do sistema periódico.

O enxofre elementar é um sólido amarelo, com densidade 2,07 g/cm^3, ponto de fusão 119 °C e ponto de ebulição 445 °C, que apresenta propriedades características de um não metal, isto é, baixa condutividade elétrica, eletronegatividade média-alta (2,5) e seus óxidos reagem com água formando ácidos. No estado sólido, apresenta-se sob diversas variedades alotrópicas, a maioria delas constituída por moléculas contendo oito átomos de enxofre ligados em forma de anel (S_8). É insolúvel em água e na maioria dos solventes mais comuns, sendo solúvel em dissulfeto de carbono.

O enxofre ocorre na natureza na forma elementar (enxofre nativo) e, mais comumente, combinado a outros elementos químicos, formando diversos minerais, sendo alguns deles minérios de importância econômica. Os principais minerais do enxofre são os sulfetos de ferro (pirita), cobre (calcopirita), zinco (esfalerita ou blenda), chumbo (galena), níquel (pentlandita), mercúrio (cinábrio), ou sulfatos de cálcio (gipsita ou gesso), bário (baritina) e chumbo (anglesita). Ainda é encontrado no carvão mineral, no petróleo e no gás natural.

Em sistemas biológicos, aminoácidos sulfurados como cisteína e metionina fazem parte das estruturas de inúmeras proteínas.

O enxofre elementar é bastante reativo, podendo ser oxidado pelo oxigênio a dióxido de enxofre ao entrar em combustão, ou reduzido exotermicamente a sulfeto, quando em contato com metais tais como ferro, zinco e cobre.

A química do enxofre é muito extensa, apresentando um vasto número de compostos químicos. Em seus compostos mais comuns, o enxofre apresenta estados de oxidação –II, IV e VI. Os compostos mais conhecidos do enxofre são:

- O dióxido (SO_2) e trióxido (SO_3) de enxofre.

- Os ácidos sulfuroso (H_2SO_3) e sulfúrico (H_2SO_4) e seus respectivos sais: sulfitos (contendo o ânion SO_3^{2-}) e sulfatos (contendo o ânion SO_4^{2-}).

- O sulfeto de hidrogênio ou ácido sulfídrico (H_2S) e seus sais: os sulfetos (contendo o ânion S^{2-}).

De 80 a 90% da demanda mundial de enxofre se destina à produção de ácido sulfúrico, o composto químico de maior produção industrial no mundo, em torno de 60 milhões de toneladas por ano.

LEITURA RECOMENDADA

Química Inorgânica: química do enxofre.

PARTE EXPERIMENTAL

PARTE A:
ALGUMAS PROPRIEDADES FÍSICAS DO ENXOFRE ELEMENTAR — FUSÃO E EVAPORAÇÃO [duração: 10-15 min]

Material e reagentes

- Tubo de ensaio seco para posterior descarte
- Estante para tubos de ensaio
- Pinça de madeira para prender tubos de ensaio
- Bico de Bunsen
- Enxofre elementar (em forma de pó ou cristalizado)

Procedimento

1. Coloque cerca de 0,5 g de enxofre em um tubo de ensaio seco.
2. Aqueça o tubo lentamente sobre a chama de um bico de Bunsen, observando o comportamento do enxofre, até sua evaporação.
3. Verifique se o enxofre volta ao seu aspecto original após resfriamento.

Descarte de resíduos

- A remoção dos resíduos de enxofre dos tubos de ensaio é bastante difícil; portanto os tubos podem ser descartados na lata de lixo.

Discussão

- Relate e interprete todas as alterações do enxofre observadas durante o aquecimento e resfriamento (mudanças de estado físico, de cor etc.).

PARTE B:
ESTUDO DA COMBUSTÃO (OU QUEIMA) DO ENXOFRE ELEMENTAR
[duração: 30-45 min]

O enxofre é combustível, isto é, reage exotermicamente com oxigênio. O produto dessa reação é o dióxido de enxofre.

No experimento seguinte será queimada uma pequena quantidade de enxofre. O dióxido de enxofre formado será recolhido em água e algumas propriedades químicas dessa solução serão verificadas.

Material	Reagentes
• Bico de Bunsen • Tela de amianto • Tripé de ferro • Prego comprido ou arame de ferro • Alicate ou pinça para prender o prego • Pequena cápsula de porcelana • Funil de vidro • Tubo de ensaio com saída lateral • Rolha de borracha furada • Tubo de vidro • Mangueira de borracha látex • Suporte de ferro com duas garras • Seis tubos de ensaio • Estante para tubos de ensaio • Trompa de água	• 0,5 g de enxofre em pó • Solução de permanganato de potássio ($KMnO_4$), 10 g/L • Solução de iodo (1,66 g de KI + 2,53 g de iodo em 100 mL de água) • Indicador para ácidos (solução de vermelho de metila ou alaranjado de metila)

Procedimento

1. Monte a aparelhagem conforme se vê na Figura 13-1.
2. Mostre a montagem ao professor ou instrutor.
3. Estabeleça uma sucção moderada com auxílio da trompa de água.
4. Mostre a montagem ao professor para verificar o funcionamento.
5. Coloque cerca de 0,5 g de enxofre em pó na cápsula de porcelana.
6. Aqueça um prego (ou pedaço de arame), segurando-o com um alicate, sobre a chama de um bico de Bunsen até a incandescência.
7. Em seguida, toque o enxofre com a ponta do prego incandescente para iniciar a combustão.
8. Cubra a cápsula com um funil de vidro invertido, mantendo o fluxo de ar mediante a trompa de água.

9. Quando a queima do enxofre terminar, desconecte a trompa e realize os seguintes testes, separadamente, com porções da solução aquosa resultante.
10. Verifique a acidez com um indicador adequado (vermelho de metila ou alaranjado de metila).
11. Adicione de uma a três gotas de solução de iodo e observe a reação.
    Observação: redutores reagem com iodo formando iodeto (incolor).
12. Adicione uma a três gotas de solução de permanganato de potássio e observe a reação.
    Observação: redutores reagem com permanganato, formando MnO_2 (precipitado marrom) ou Mn^{2+} (solução incolor).

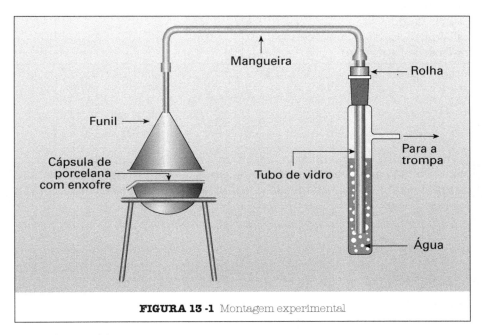

FIGURA 13-1 Montagem experimental

Descarte de resíduos

- Eventuais resíduos de enxofre na cápsula de porcelana devem ser removidos mecanicamente e descartados na lata de lixo.
- As várias soluções resultantes dos experimentos devem ser diluídas e descartadas na pia.

Discussão

1. Escreva a equação química correspondente à queima do enxofre.
2. Se a solução aquosa do dióxido de enxofre exibir propriedade ácida, escreva a equação química para a reação ocorrida entre o dióxido de enxofre e a água.
3. Indique os estados de oxidação do enxofre em todos os compostos envolvidos na reação acima.
4. Escreva a equação química correspondente à reação do ácido sulfuroso com iodo (o ácido sulfuroso tem propriedades redutoras e é oxidado para ácido sulfúrico).

PARTE C:
REAÇÃO DO ENXOFRE COM FERRO METÁLICO [duração: 30-45 min]

Material	Reagentes
• Pequena cápsula de porcelana • Tripé de ferro • Tela de amianto • Alicate ou pinça para prender o prego • Prego comprido ou arame de ferro • Bico de Bunsen • Pequeno cadinho de porcelana • Tiras de papel-filtro	• 1 g de enxofre em pó • 1 g de ferro metálico em pó • Ácido clorídrico (HCl), diluição 1:3 • Solução de acetato de chumbo (Pb(CH$_3$COO)$_2$), 100 g/L

Procedimento

> Atenção: realize os experimentos seguintes dentro de uma capela ou em lugar bem ventilado, para evitar a inalação de gases nocivos desprendidos durante as reações (SO$_2$ e H$_2$S). Mantenha-se a distância para não se queimar com as faíscas geradas.

Parte C-I Reação de ferro com enxofre

O ferro reage com enxofre exotermicamente, formando sulfeto de ferro.

1. Misture 1 g de ferro em pó e 1 g de enxofre em pó.
2. Coloque a mistura numa cápsula de porcelana seca.
3. Coloque a cápsula sobre uma tela de amianto, apoiada num tripé de ferro.
4. Aqueça um prego (ou pedaço de arame), segurando com um alicate, sobre a chama do bico de Bunsen até incandescência.
5. Em seguida, toque a mistura com a ponta do prego incandescente para iniciar a reação. A reação, uma vez iniciada, prossegue com desprendimento de calor (incandescência e faíscas).
6. Terminada a reação, espere alguns minutos até o produto esfriar.

Parte C-II Identificação do produto

O sulfeto de ferro reage com ácido clorídrico com formação de sulfeto de hidrogênio, um gás tóxico com odor característico desagradável. Verifica-se a presença do sulfeto de hidrogênio mediante o contato com uma solução de um sal de chumbo (acetato de chumbo), com o qual reage produzindo sulfeto de chumbo em forma de um precipitado preto.

1. Coloque uma ponta de espátula do produto obtido num pequeno cadinho de porcelana.
2. Acrescente algumas gotas da solução de ácido clorídrico.
3. Coloque uma tira de papel-filtro umedecido com solução de acetato de chumbo sobre a boca do cadinho até observar o escurecimento do papel (formação de sulfeto de chumbo).

Discussão

1. Escreva equações químicas balanceadas para as três reações realizadas:
    ferro + enxofre;
    sulfeto de ferro + ácido clorídrico;
    sulfeto de hidrogênio + acetato de chumbo.
2. Quais dessas reações envolvem oxidação e redução? Indique as respectivas mudanças de estados de oxidação.

PARTE D:
AÇÃO DESTRUTIVA DO DIÓXIDO DE ENXOFRE SOBRE CORANTES VEGETAIS [duração: 20-30 min]

> Este experimento deve ser realizado pelo instrutor na forma de demonstração.

Conforme demonstrado no experimento anterior, uma das propriedades destacadas do dióxido de enxofre é sua capacidade redutora. Redutores químicos exibem uma ação destrutiva sobre diversos corantes orgânicos. Portanto substâncias redutoras como o dióxido de enxofre podem ser utilizadas para descoloração ou branqueamento de diversos materiais, tais como celulose.

Neste experimento, será demonstrada a ação destrutiva do dióxido de enxofre sobre alguns corantes vegetais presentes em diversas flores coloridas e folhas verdes. O material escolhido será pendurado dentro de um béquer grande. O dióxido de enxofre é gerado dentro do mesmo recipiente, tampado com uma placa de vidro, pela queima de uma pequena quantidade de enxofre.

Material e reagentes

- Béquer de 2 L
- Enxofre em pó, 2 g
- Pequena cápsula de porcelana
- Placa ou tela de amianto
- Placa de vidro para tampar o béquer
- Arame de ferro
- Flores frescas de cores diversas
- Folhas verdes frescas

Procedimento

> Cuidado, o dióxido de enxofre é um gás asfixiante e tóxico. Portanto, o experimento deve ser realizado dentro de uma capela ou em lugar bem ventilado. A tampa do recipiente deve ser retirada somente dentro de uma capela.

1. Protege-se o fundo do béquer com uma camada de areia.
2. Fixam-se as amostras de flores e folhas na parede do béquer a meia altura, mediante ganchos confeccionados convenientemente com arame de ferro.
3. Colocam-se 2 g de enxofre em pó dentro de uma pequena cápsula de porcelana.
4. Deposita-se a cápsula no centro do fundo do béquer, de modo que as flores não possam ser atingidas diretamente pelo calor da combustão.
5. Inicia-se a queima do enxofre introduzindo a ponta incandescente de um arame.
6. Em seguida, cobre-se o béquer com uma placa de vidro.
7. Deixa-se o recipiente coberto por 15 a 20 minutos e observa-se o efeito alvejante sobre os diversos corantes vegetais.

Descarte de resíduos

- O béquer deve ser colocado durante algum tempo em lugar ventilado (capela de exaustão), para dissipação do dióxido de enxofre.
- As flores e folhas podem ser depositadas na lata de lixo.
- A areia pode ser descartada na lata de lixo.

PARTE E:
REAÇÃO DE ENXOFRE COM NITRATO DE POTÁSSIO
[duração: 10-15 min]

> Este experimento deve ser realizado pelo instrutor na forma de demonstração.

O nitrato de potássio fundido é um oxidante forte e reage violentamente com enxofre. Essa reação foi aproveitada na preparação da "pólvora negra", utilizada até o século XIX em armas de fogo.

Material e reagentes

- Tubo de ensaio seco
- Nitrato de potássio (KNO_3), 0,5 g
- Bico de Bunsen
- Enxofre cristalizado
- Pinça para sustentar o tubo de ensaio

Procedimento

> Cuidado, reação violenta com desprendimento de fogo. Use óculos de proteção e não aproxime a boca do tubo de ensaio do rosto.

1. Colocam-se cerca de 2 g de nitrato de potássio dentro de um tubo de ensaio seco.
2. Funde-se o nitrato de potássio sobre um bico de Bunsen.
3. Mantém-se o aquecimento do nitrato de potássio fundido, sob agitação, até que se inicie o desprendimento de oxigênio (formação de finas bolhas de gás).
4. Retira-se o tubo com o nitrato de potássio fundido em posição vertical e adiciona-se rapidamente um pequeno pedaço de enxofre cristalizado (do tamanho de um grão de milho). O enxofre começa a queimar violentamente com efeito luminoso e desprendimento de gases.

Descarte de resíduos

- Após o tubo esfriar, o conteúdo deve ser diluído com água e despejado na pia.

Discussão

1. Descreva o fenômeno observado.
2. Tente apresentar uma equação química balanceada para a reação ocorrida, supondo que o enxofre foi oxidado a sulfato e o nitrato reduzido a monóxido de nitrogênio.

ROTEIRO 14

ESTUDO DE PROPRIEDADES FÍSICAS DE LÍQUIDOS
PARTE I: DENSIDADE, MISCIBILIDADE E VISCOSIDADE

OBJETIVO

- Observar e avaliar algumas propriedades físicas de líquidos e relacioná-las com sua constituição molecular.

LEITURA RECOMENDADA

Propriedades físicas dos líquidos, densidade, miscibilidade, viscosidade; forças intermoleculares.

PARTE A:
DENSIDADE

Introdução

A *densidade* (ou *massa específica*) de uma substância corresponde à massa dessa substância, que ocupa um determinado volume e é geralmente indicada com a unidade grama por centímetro cúbico (g/cm^3). A massa de água que ocupa o volume de 1 cm^3 à temperatura de 4 °C foi utilizada para definir o padrão da unidade de massa de 1g.

Pode-se observar que as densidades dos líquidos mais usados como solventes variam dentro de uma faixa estreita, entre 0,6 (hidrocarbonetos) e 1,6 g/cm^3 (tetraclorometano) aproximadamente.

A densidade de um líquido é uma propriedade física de difícil previsão, pois nela incidem diversos fatores. Porém, se considerarmos uma série de moléculas com características estruturais semelhantes, a natureza dos átomos que compõem as respectivas moléculas nos permite a avaliação da densidade das substâncias, de maneira comparativa ou relativa. Por exemplo, se introduzirmos um ou mais átomos com massa atômica maior que a do carbono em um hidrocarboneto, a densidade aumenta gradativamente, como pode ser observado na série diclorometano CH_2Cl_2 (1,327)-triclorometano $CHCl_3$ (1,483)-tetraclorometano CCl_4 (1,594), ou na série diclorometano CH_2Cl_2 (1,327)-dibromometano CH_2Br_2 (1,542)-diiodometano CH_2I_2 (3,325).

TABELA 14-1 Densidade de alguns líquidos a 20 °C.		
Nome	Fórmula empírica	Densidade(g/cm³)
n-Pentano	C_5H_{12}	0,626
n-Octano	C_8H_{18}	0,702
Etanol	C_2H_6O	0,789
Acetona	C_3H_6O	0,790
Ciclo-hexeno	C_6H_{10}	0,810
Benzeno	C_6H_6	0,879
Água	H_2O	1,000
Ácido acético	$C_2H_4O_2$	1.049
Etilenoglicol	$C_2H_6O_2$	1,109
Nitrobenzeno	$C_6H_5NO_2$	1,204
Glicerina	$C_3H_8O_3$	1,261
Dimetilsulfato	$C_2H_6O_4S$	1,328
Clorofórmio	$CHCl_3$	1,483
Dibromometano	CH_2Br_2	1,542
Tetraclorometano	CCl_4	1,594
Ácido sulfúrico	H_2SO_4	1,841
Diiodometano	CH_2I_2	3,325

PARTE EXPERIMENTAL

Parte A-I Densidade relativa de líquidos puros [duração: 20-30 min]

Material	Reagentes
• Seis tubos de ensaio • Estante para tubos de ensaio • Solução alcoólica de iodo 10 g/L • Clorobenzeno • Cloreto de sódio sólido	• Diclorometano • Éter etílico • Acetato de etila • Tolueno • n-Heptano ou ciclo-hexano

Procedimento

1. Prepare seis tubos de ensaio e acrescente a cada um deles 2 a 3 mL de água e três gotas de solução alcoólica de iodo.
2. Adicione 2 a 3 mL dos seguintes líquidos (solventes orgânicos) aos tubos 1 a 6, respectivamente:
   ♦ acetato de etila;
   ♦ diclorometano
   ♦ clorobenzeno;
   ♦ éter etílico;
   ♦ n-Heptano ou ciclo-hexano;
   ♦ tolueno.
3. Agite o conteúdo dos tubos.
4. Verifique em cada tubo se o respectivo solvente orgânico é mais denso ou menos denso que a água (o iodo ajuda na identificação da fase orgânica, pois é solúvel em solventes orgânicos, gerando uma solução cor-de-rosa ou castanha).

Descarte de resíduos

- As misturas contendo clorobenzeno ou diclorometano devem ser depositadas em recipiente adequado para coleta de solventes clorados.
- As demais misturas devem ser depositadas em recipiente adequado para solventes orgânicos.

Discussão

1. Qual é o efeito da temperatura sobre a densidade dos líquidos? Justifique.
2. Coloque as seguintes substâncias líquidas em ordem crescente de densidade: bromobutano (C_4H_9Br), clorobutano (C_4H_9Cl), dietiléter ($C_4H_{10}O$), dietilsulfeto, ($C_4H_{10}S$), iodobutano (C_4H_9I) e pentano (C_5H_{12}). Justifique.

Parte A-II Densidade de soluções ou misturas líquidas
[duração: 15-20 min]

Procedimento

1. Coloque, em um tubo de ensaio, 2 mL de água, 2 mL de clorobenzeno (em lugar do clorobenzeno pode ser utilizada uma mistura de diclorometano e acetato de etila na proporção 1:1) e três gotas de solução alcoólica de iodo.
2. Agite o tubo e identifique as duas fases líquidas, fase inferior e fase superior (o iodo é solúvel na fase orgânica gerando uma solução cor-de-rosa).
3. Acrescente aproximadamente 0,5 g de cloreto de sódio. Agite o tubo até dissolução completa do cloreto de sódio.
4. Identifique novamente as duas fases líquidas, fase inferior e fase superior.

Descarte de resíduos

- A fase orgânica, contendo clorobenzeno ou diclorometano deve ser decantada e depositada em recipiente adequado para coleta de solventes orgânicos clorados.
- A fase aquosa pode ser diluída com bastante água e despejada na pia.

Discussão

- Interprete a variação das densidades relativas dos dois líquidos ocorrida após adição do cloreto de sódio, sabendo que esse sal é solúvel em água e insolúvel em clorobenzeno.

PARTE B:
MISCIBILIDADE DE LÍQUIDOS

Introdução

Enquanto todos os gases são perfeitamente miscíveis entre si, esse não é o caso dos líquidos. Considerando combinações entre dois líquidos (sistemas binários), os componentes podem ser totalmente miscíveis, parcialmente miscíveis ou imiscíveis. Exemplos bem conhecidos desse comportamento diferenciado são os sistemas água/álcool (perfeitamente miscíveis) e água/óleo (imiscíveis).

A miscibilidade ou compatibilidade entre dois líquidos baseia-se na semelhança da constituição das respectivas moléculas e, consequentemente, na semelhança dos tipos de interação intermolecular em cada substância. Assim, o álcool etílico é miscível com água em qualquer proporção, pois os dois componentes são constituídos por moléculas pequenas caracterizadas por funções —OH (água: HOH, etanol: C_2H_5OH). À medida que aumentamos a cadeia hidrocarbônica do álcool, a molécula perde gradualmente a sua semelhança estreita com a água. Assim, o butanol (C_4H_9OH) é apenas parcialmente miscível com água e o octanol ($C_8H_{17}OH$) é praticamente imiscível com água.

Os líquidos mais utilizados como *solventes* no laboratório ou na indústria podem ser classificados de acordo com suas polaridades, estimadas a partir dos valores dos momentos de dipolo moleculares ou das constantes dielétricas dos líquidos:

A) solventes de polaridade elevada (água, etilenoglicol etc.);
B) solventes de polaridade média (metanol, etanol, acetona etc.);
C) solventes de polaridade baixa (hidrocarbonetos tais como hexano, ciclo-hexano, benzeno, tolueno etc; tetraclorometano, clorofórmio, diclorometano, éter etílico etc.).

Os solventes de um mesmo grupo sempre são miscíveis entre si. De um modo geral, os do grupo (B) são miscíveis tanto com os do grupo (A) quanto com aqueles do grupo (C). Os líquidos do grupo (A) não são miscíveis com aqueles do grupo (C).

A miscibilidade de um líquido com outro pode ser prevista qualitativamente pelo exame estrutural das moléculas que compõem as substâncias. Outras propriedades, como o *momento de dipolo* e a *constante dielétrica*, podem também ser levadas em consideração.

A polaridade de uma molécula depende da presença de um momento de dipolo elétrico (μ) permanente em sua estrutura, o qual se verifica quando o centro de carga (q) positiva da molécula não coincide com o centro de carga (q) negativa e estão, portanto, separados por uma certa distância (r). Assim, definimos $\mu = qr$, uma grandeza física vetorial descrita tanto por seu módulo como pela sua direção em unidades de debye (D). Moléculas que possuem $\mu \neq 0$ são chamadas de *polares* e as que possuem $\mu = 0$, de *não polares* ou *apolares*.

A constante dielétrica de um meio uniforme (ε) é definida pela equação

$$F = qq'/\varepsilon\, r^2,$$

onde F é a força de atração entre duas cargas q e q' separadas por uma distância r. Quanto maior a ε do meio, menor a força de atração entre as cargas, o que, em outras palavras, significa que um líquido com alta constante dielétrica é capaz de solvatar bem íons mantendo-os dissociados em solução. A água é um dos líquidos com maior constante dielétrica ($\varepsilon \cong 78$), enquanto os líquidos orgânicos mais comuns apresentam constantes dielétricas entre 2 e 40.

TABELA 14-2 Momentos de dipolo e constantes dielétricas de alguns solventes			
Nome	Fórmula	μ	ε
n-Hexano	C_6H_{14}	0	1,89
Ciclohexano	C_6H_{12}	0	2,02
Tetraclorometano	CCl_4	0	2,24
Benzeno	C_6H_6	0	2,28
Tolueno	$C_6H_5CH_3$	0,36	2,38
Clorofórmio	$CHCl_3$	1,01	4,81
Dietiléter	$C_2H_5OC_2H_5$	1,15	4,34
Diclorometano	CH_2Cl_2	1,60	9,08
1-Butanol	C_4H_9OH	1,66	17,1
1-Propanol	C_3H_7OH	1,68	20,1
Etanol	C_2H_5OH	1,69	24,3
Metanol	CH_3OH	1,70	32,6
Etilenoglicol	$HOCH_2CH_2OH$	2,28	37,7
Acetona	CH_3COCH_3	2,88	20,7
Acetonitrila	CH_3CN	3,92	37,5
Nitrobenzeno	$C_6H_5NO_2$	4,22	34,8
Água	H_2O	1,85	78,5

Discussão

- Considerando a semelhança e a polaridade, indique o que se espera a respeito da miscibilidade das seguintes combinações:

    Etanol (C_2H_5OH)/butanol (C_4H_9OH);

    Água/clorobenzeno (C_6H_5Cl);

    Acetona (CH_3COCH_3)/dibutiléter ($C_4H_9OC_4H_9$);

    Água/álcool benzílico ($C_6H_5CH_2OH$);

    Acetona (CH_3COCH_3)/cloropropano (C_3H_7Cl).

PARTE EXPERIMENTAL

Parte B-I Separação de fases líquidas por adição de um soluto
[duração: 15-20 min]

A separação de uma fase orgânica a partir de sua mistura homogênea com água é possível pela adição de um sal. Esse processo é conhecido como *salting out*, sendo utilizado no laboratório e na indústria, por exemplo, de fabricação de sabão.

Material e reagentes

- Tubos de ensaio
- Estante para tubos de ensaio
- Espátula
- Acetona
- Cloreto de amônio sólido
- Cloreto de sódio sólido
- Sulfato de sódio sólido
- Solução alcoólica de iodo, 10 g/L

Procedimento

1. Prepare três tubos de ensaio, numerados, com misturas de 2 mL de água e 4 mL de acetona.
2. Adicione a cada tubo duas ou três gotas da solução alcoólica de iodo e agite.
3. Acrescente ao primeiro tubo ± 0,5 g de cloreto de sódio, ao segundo tubo, ± 0,5 g de cloreto de amônio e, ao terceiro tubo, ± 0,5 g de sulfato de sódio.
4. Feche os tubos com uma rolha adequada, segure a rolha e agite as misturas vigorosamente.
5. Deixe os tubos em repouso e observe a separação de fases líquidas.

Observação: a função do iodo é facilitar o reconhecimento das fases, pois, sendo mais solúvel em acetona, confere uma coloração amarelada a esse solvente.

Descarte de resíduos

- Os resíduos podem ser diluídos com bastante água e despejados na pia.

Discussão

- Relate e comente os fenômenos observados.

Parte B-II Sistemas líquidos bifásicos bicolores — a brincadeira das bandeiras [duração: 15-20 min]

Material e reagentes

- Tubos de ensaio
- Estante para tubos de ensaio
- Cloreto de amônio (NH_4Cl) sólido
- Solução de sulfato de cobre ($CuSO_4 \cdot 5H_2O$), 100 g/L
- Extrato alcoólico de açafrão (agitar 5 g de pó de açafrão comercial com 100 mL de etanol durante meia hora e filtrar o extrato)
- Solução alcoólica de corante Sudan III; 5 g/L
- Tolueno

Procedimento

a) Verde–amarelo, bandeira do Brasil

1. Adicione 4 mL da solução de sulfato de cobre a um tubo de ensaio.
2. Acrescente cloreto de amônio sólido em pequenas porções, sob agitação, até obter a coloração verde desejada da solução.
3. Adicione 4 mL de tolueno e dez gotas de extrato de açafrão.
4. Feche o tubo com uma rolha adequada, segure a rolha e agite o tubo vigorosamente.
5. Deixe o tubo em repouso e observe a restituição do verde-amarelo.

b) Verde–vermelho, bandeira de Portugal

- Siga o procedimento anterior, substituindo o extrato de açafrão por três gotas da solução de sudan III.

Observação: as "bandeiras líquidas" podem ser conservadas em vidros hermeticamente selados como lembranças, porém não são adequadas como brinquedos para crianças.

Descarte de resíduos

- A fase orgânica (tolueno) deve ser decantada e recolhida em recipiente adequado para coleta de solventes orgânicos.
- A fase aquosa pode ser diluída com bastante água e despejada na pia.

Parte B-III Determinação de álcool em misturas de gasolina [duração: 15-20 min]

No Brasil, o uso de etanol (álcool etílico) como aditivo à gasolina é obrigatório. Gasolina, uma mistura de hidrocarbonetos, não é miscível com água. Entretanto, o etanol é perfeitamente miscível tanto com água quanto com gasolina. Quando se adiciona água a uma mistura de gasolina com etanol, o álcool é extraído da gasolina, passando para a fase aquosa. Dessa maneira, pode-se determinar a composição de misturas de gasolina/etanol pelo aumento do volume da fase aquosa.

Material e reagentes

- Proveta graduada de 100 mL
- Erlenmeyer de 250 mL com rolha de borracha
- Gasolina comum, 50 mL
- Água

Procedimento

1. Coloque, em um Erlenmeyer, 50 mL de gasolina comum e 50 mL de água, medidos com proveta de 100 mL.
2. Feche o frasco com uma rolha adequada, segure a rolha com a mão e agite com vigor.
3. Transfira a mistura completamente do frasco para uma proveta de 100 mL.
4. Deixe a mistura na proveta em repouso até a separação completa das duas fases.
5. Observe o volume final (V_f) da fase aquosa (fase inferior).
6. Calcule a porcentagem de etanol (x) na amostra de gasolina.
$$x = 100 \times (V_f - V_i)/V_i$$

(V_i é o volume inicial de água)

Descarte de resíduos

- A gasolina deve ser decantada da fase aquosa e recolhida em recipiente adequado para coleta de solventes orgânicos.

PARTE C:
VISCOSIDADE DE LÍQUIDOS [duração: 30-40 min]

Introdução

Todos os fluidos exercem uma certa resistência contra mudanças de sua forma. Essa propriedade é atribuída às forças de interação entre as moléculas do líquido, que resultam em um certo *atrito interno* ou *viscosidade*. A viscosidade é uma medida da *fluidez* de um líquido: quanto maior a viscosidade de um determinado líquido, tanto menor sua fluidez. Por exemplo, um óleo tem maior viscosidade ou menor fluidez, em comparação à água.

A viscosidade dos líquidos tem importantes implicações técnicas, por exemplo, na transferência e bombeamento de líquidos, eficiência de agitação e dimensionamento de agitadores em reatores industriais, eficiência de lubrificação de óleos.

A viscosidade dos líquidos pode ser expressa em unidades de centipoise (cP). A viscosidade da água a 20 °C é 1,00 cP. A viscosidade dos líquidos mais comuns a 20 °C varia entre 0,25 cP e 100 cP (veja Tabela 14-3). Determinados líquidos podem apresentar viscosidades muito baixas como, por exemplo, o hidrogênio líquido (0,011 cP). Por outro lado, existem materiais com viscosidades extremamente elevadas como, por exemplo, óleos, xaropes, resinas, polímeros e vidros fundidos.

TABELA 14-3 Viscosidade de alguns líquidos comuns a 20 °C

Nome	Fórmula	Viscosidade (cP)
Dietiléter	$C_2H_5OC_2H_5$	0,233
n-Hexano	C_6H_{14}	0,326
Acetona	CH_3COCH_3	0,326
Acetato de etila	$CH_3COOC_2H_5$	0,455
Tolueno	$C_6H_5CH_3$	0,590
Metanol	CH_3OH	0,597
Água	H_2O	1,002
Etanol	C_2H_5OH	1,200
Anilina	$C_6H_5NH_2$	4,40
Fenol	C_6H_5OH	12,7
Etilenoglicol	$HOCH_2CH_2OH$	19,9
Ácido sulfúrico	H_2SO_4	25,4
Azeite de oliva		±85
Glicerina	$CH_2OHCHOHCH_2OH$	1.490

De um modo geral, a viscosidade de um líquido é consequência de sua constituição molecular. Os principais fatores que determinam a viscosidade de um líquido são a massa molecular, a polaridade e a morfologia das moléculas que, por sua vez, determinam o modo de interação das moléculas do líquido.

Massas moleculares de substâncias macromoleculares (polímeros) podem ser determinadas pela medição da viscosidade de suas soluções em solventes adequados. Veja, por exemplo, na Tabela 14-4, o aumento gradativo da viscosidade nos hidrocarbonetos lineares em função do comprimento da cadeia molecular.

TABELA 14-4 Viscosidade de alguns hidrocarbonetos lineares

Hidrocarboneto	Fórmula	Viscosidade (cP)
n-Pentano	C_5H_{12}	0,240
n-Hexano	C_6H_{14}	0,326
n-Heptano	C_7H_{16}	0,409
n-Octano	C_8H_{18}	0,542
n-Nonano	C_9H_{20}	0,711
n-Decano	$C_{10}H_{22}$	0,92

Funções OH e NH geram fortes interações intermoleculares (ligações de hidrogênio). Observe, por exemplo, na Tabela 14.5 o aumento da viscosidade numa série de substâncias com massas moleculares e morfologias parecidas.

Tabela 14-5 Viscosidade de alguns derivados de benzeno

Nome	Fórmula	Massa molecular	Viscosidade (cP)
Tolueno	$C_6H_5CH_3$	92	0,590
Fluorobenzeno	C_6H_5F	95	0,598
Anilina	$C_6H_5NH_2$	93	4,40
Fenol	C_6H_5OH	94	12,7

O aumento da temperatura geralmente aumenta a mobilidade das moléculas e, no caso dos líquidos, reduz as interações intermoleculares, diminuindo a sua viscosidade. Observe na Tabela 14-6 a viscosidade da água e da glicerina a diferentes temperaturas.

TABELA 14-6 Variação da viscosidade de acordo com a temperatura (cP)

Temperatura (°C)	Água	Glicerina	Temperatura (°C)	Água	Glicerina
0	1,79	12.110	25	0,89	954
10	1,27		30	0,80	629
15		2.330	50	0,55	
20	1,00	1.490	75	0,38	
			100	0,28	

A viscosidade relativa dos líquidos (viscosidade cinemática) pode ser avaliada pelo tempo de escoamento de um determinado volume. Utiliza-se para tanto um recipiente de geometria padronizada, com saída de escoamento de diâmetro e comprimento padronizados (viscosímetro).

Nos experimentos seguintes utilizaremos tubos de seringas como viscosímetros improvisados.

PARTE EXPERIMENTAL

Material e reagentes

- Tubo de uma seringa graduada de 10 mL (sem agulha)
- Cronômetro
- Suporte de ferro
- Garra para suporte de ferro
- Acetona comercial
- Etanol comercial
- Solução de cloreto de sódio ou sal de cozinha (NaCl), 200 g/L
- Glicerina comercial

Procedimento

1. Com auxílio de uma garra, monte o tubo da seringa num suporte, acima de um recipiente para recolher os líquidos escoados.
2. Preencha a seringa com água, mantendo o bico fechado com um dedo, até a marca de 10 mL.
3. Abra a saída da seringa e, ao mesmo tempo, dê partida no cronômetro e determine o tempo de escoamento, até que o nível de água chegue à marca zero da graduação.
4. Repita o experimento mais uma vez.
5. Determine o tempo médio entre as duas medições.
6. Para cada líquido abaixo, repita o mesmo procedimento duas vezes:
   a) água quente (aproximadamente 60 °C);
   b) etanol;
   c) acetona;
   d) solução de cloreto de sódio;
   e) mistura água/glicerina na proporção 1:1.

Descarte de resíduos

- Os líquidos dos experimentos (b), (c), (d) e (e) devem ser recolhidos separadamente, para posterior reutilização.

Discussão

1. Apresente, compare e comente os tempos de escoamento observados para os líquidos estudados.
2. Relacione os tempos observados com as viscosidades relativas dos líquidos estudados.
3. Coloque os líquidos estudados em ordem crescente de viscosidade.
4. Discuta o efeito da temperatura sobre a viscosidade dos líquidos.
5. Discuta o efeito do sal sobre a viscosidade da água.

ROTEIRO 15

ESTUDO DE PROPRIEDADES FÍSICAS DE LÍQUIDOS
PARTE II: TENSÃO SUPERFICIAL, CAPILARIDADE E ÍNDICE DE REFRAÇÃO

PARTE A: TENSÃO SUPERFICIAL

OBJETIVOS

- Conhecer o fenômeno da tensão superficial.
- Adquirir uma noção sobre a variação da tensão superficial de líquidos puros e de suas soluções.
- Estudar o efeito de agentes tensoativos.

INTRODUÇÃO

A *tensão superficial* é uma propriedade associada à interface entre um líquido e uma outra fase. O exemplo mais comum envolve a interface líquido-ar.

Considere um líquido dentro de um recipiente aberto, a uma determinada temperatura e pressão, e imagine as interações que uma molécula situada no interior desse líquido tem com suas vizinhas. É razoável pensar que as forças intermoleculares sobre essa molécula atuam igualmente em todas as direções. Todavia, para uma molécula localizada na superfície do líquido, a situação é diferente. As forças intermoleculares que atuam sobre uma molécula na superfície de um líquido resultam em uma atração em direção ao interior do líquido, já que as interações com as moléculas da fase gasosa (ar) são bem menos efetivas. O resultado desse efeito é que os líquidos parecem ter uma tendência a minimizar sua área superficial, como é o caso das gotas que possuem uma aparência esférica, já que a esfera é a forma geométrica com a menor área superficial em relação ao seu volume. Naturalmente, outras forças, como a gravitacional, atuam contra a tendência dos líquidos de minimizarem sua área superficial, deformando a forma esférica "ideal".

A tensão superficial de um líquido é definida como a energia necessária para aumentar a sua área superficial em 1 cm^2. Os valores da tensão superficial de líquidos diversos variam entre 0,2 e 76 erg/cm^2, como pode ser observado na Tabela 15-1. Líquidos que apresentam valores altos de tensão superficial, em geral, são aqueles que possuem uma elevada força de coesão intermolecular. A água, por exemplo, é um líquido que apresenta um dos maiores valores de tensão superficial, 72 erg/cm^2, refletindo a natureza de suas interações intermoleculares. Já gases liquefeitos apresentam tensão superficial extremamente baixa.

Muitos fatores podem alterar a tensão superficial de um líquido. O aumento da temperatura, por exemplo, reduz a tensão superficial, em virtude do movimento térmico, que tende a diminuir a coesão entre as moléculas. Certas substâncias, quando dissolvidas em um líquido, também são capazes de diminuir drasticamente a tensão superficial deste e, por isso, são denominadas de *agentes tensoativos* ou *surfactantes*. Exemplos de agentes tensoativos são os sabões ou detergentes, tema do experimento "Estudo de detergentes", onde mais informações podem ser encontradas.

TABELA 15-1 Tensão superficial de alguns líquidos a 20 °C	
Líquido	Tensão superficial (erg/cm^2)
Dietiléter	17,0
n-Hexano	18,4
Metanol	22,6
Acetona	23,7
Tetraclorometano	26,9
Clorofórmio	27,1
Benzeno	28,8
Dissulfeto de carbono	32,3
Clorobenzeno	33,6
Piridina	38,0
Fenol	40,9
Ácido nítrico	42,7
Etilenoglicol	47,7
Ácido sulfúrico	50,1
Glicerina	63,4
Água	73,0
Peróxido de hidrogênio	76,1

LEITURA RECOMENDADA

Textos de Química Geral ou de Físico-Química: propriedades de líquidos, tensão superficial.

PARTE EXPERIMENTAL [duração: 45 min]

A tensão superficial de um líquido determina o tamanho de suas gotas. Neste experimento serão comparadas as tensões superficiais de vários líquidos, pela medição do volume de um determinado número de gotas.

Material	Líquidos objetos de estudo
• Três buretas secas de 25 mL • Suporte e garras para buretas • Três tubos de ensaio • Três béqueres pequenos • Cronômetro • Balança com precisão mínima de 0,01 g	• Etanol • Solução de cloreto de sódio 100 g/L • Solução de gelatina 10 g/L • Solução diluída de detergente (2 a 3 gotas de um detergente líquido em 50 mL de água)

Procedimento

- Realize o seguinte procedimento com os cinco líquidos, na ordem indicada:
  a) etanol;
  b) água;
  c) solução de cloreto de sódio ;
  d) solução de gelatina;
  e) água + detergente (cerca de duas ou três gotas de detergente em 50 mL de água).

1. Lave a bureta com um pouco do líquido a ser estudado.
2. Preencha a bureta totalmente com o líquido.
3. Abra a torneira da bureta com cuidado, escoando seu conteúdo gota a gota para um béquer, estabelecendo uma vazão constante de cerca de uma gota por segundo.
4. Sem fechar a torneira, em momento oportuno, tome a leitura inicial do líquido na bureta e conte as gotas de escoamento.
5. Após escoar exatamente 25 gotas (para bureta de 10 mL) ou 50 gotas (para bureta de 25 mL), feche a torneira e tome a leitura do líquido na bureta.
6. Pela diferença das leituras, determine o volume do líquido que corresponde às 25 (ou 50) gotas escoadas.
7. Repita o procedimento com o mesmo líquido mais duas vezes.
8. Determine a média entre os três volumes observados.
9. Lave a bureta com água e repita todo o procedimento a partir do item 1 com o próximo líquido.

Descarte de resíduos

- Os líquidos estudados podem ser despejados na pia.

Discussão

1. Determine o volume de uma gota para cada um dos líquidos estudados.
2. Coloque os líquidos estudados em ordem crescente de tensão superficial.
3. Qual aditivo (sal de cozinha, gelatina ou detergente) tem maior efeito sobre a tensão superficial da água? Explique a causa dessa mudança.

PARTE B:
CAPILARIDADE

Objetivo

- Conhecer o comportamento de diversos líquidos em sistemas capilares.

Introdução

As nossas primeiras noções sobre o fenômeno da capilaridade começaram na infância, observando que certos objetos, quando molhados, ficavam encharcados e outros não.

A natureza é rica em exemplos sobre a importância da capilaridade: a subida da seiva no interior dos troncos das árvores contra a força da gravidade ou o afloramento de lençóis freáticos na superfície do solo são demonstrações desse fenômeno, ainda que outros fatores estejam igualmente envolvidos.

A subida de um líquido em um tubo de dimensões capilares (tubo capilar) se deve principalmente à tensão superficial do líquido e às interações do material do tubo com as moléculas do líquido, que geram uma superfície côncava na interface líquido-ar (menisco). A geometria côncava do menisco facilita a interpretação física e matemática do fenômeno. Já a subida de um líquido em um material poroso, como papel, cerâmica e tecido, deve envolver princípios semelhantes, entretanto a explicação do fenômeno é bem mais complexa.

A capilaridade é um dos principais fenômenos envolvidos no princípio de uma técnica analítica de separação de misturas conhecida como cromatografia em papel ou em camada delgada.

LEITURA RECOMENDADA

Textos de Química Geral ou de Físico-Química: propriedades de líquidos, tensão superficial.

PARTE EXPERIMENTAL [duração 30 min]

Material	*Líquidos para estudo*
• Papel-filtro • Tesoura • Béquer de ±100 mL de forma alta • Pinça de madeira • Suporte com garra • Cronômetro	• Tolueno • Metanol • n-Hexano • Acetona • Água

Procedimento

1. Corte quatro ou cinco tiras de papel-filtro, com cerca de 2 cm $\times$ 12 cm.
2. Monte uma garra em um suporte universal e prenda nela uma pinça de madeira de cabeça para baixo.
3. Prenda uma tira do papel à pinça e teste a sua introdução no béquer vazio, posicionado sobre a base do suporte universal, de maneira que a tira não encoste nas paredes internas do béquer. Para essa operação, deslize a garra ao longo da haste.
4. Suspenda o papel e coloque cerca de 20 mL do líquido a ser estudado no béquer.
5. Zere o cronômetro, introduza o papel no béquer, mergulhando-o no líquido cerca de 0,5 cm, e dispare imediatamente o cronômetro.
6. Espere 2 minutos e marque com um lápis a altura da frente de líquido que subiu pelo papel.
7. Transfira o líquido estudado para um frasco de coleta.
8. Lave o béquer três vezes com pequenos volumes do próximo líquido a ser estudado, descartando os resíduos da lavagem.
9. Repita o procedimento, incluindo a água como um dos líquidos de estudo.

Descarte de resíduos

- O frasco de coleta contendo os diversos líquidos estudados deve ser guardado para descarte final.

Discussão

1. Compare o comportamento dos diferentes líquidos estudados.
2. De posse dos valores de tensão superficial dos líquidos estudados e sabendo que o material do papel-filtro tem natureza polar, sugira uma interpretação para o fenômeno observado no seu experimento.

PARTE C:
ÍNDICE DE REFRAÇÃO*

Objetivo

- Observar o fenômeno da refração em diversos líquidos e diferenciar dois líquidos com propriedades químicas semelhantes (etanol e metanol; ciclo-hexano e n-hexano; acetona e butanona).

Introdução

Quando um feixe de luz monocromática atravessa um meio transparente, ocorre uma interação da luz com a nuvem eletrônica das moléculas, fazendo com que a velocidade de propagação do feixe no meio material seja sempre menor do que no vácuo.

---

* Amarílis de V. Finageiv Neder, Edgardo García e Leonardo N. Viana. "The Use of an Inexpensive Laser Pointer to Perform Qualitative and Semiquantitative Laser Refractometry". *J. Chem. Educ.* **2001**, 78, 1481-1483.

Assim, definimos o índice de refração n de uma substância ou mistura homogênea como a razão entre a velocidade da luz no vácuo (c) e a velocidade da luz no meio (v):

$$n = \frac{c}{v}$$

A velocidade com que a radiação se propaga depende da densidade de elétrons no meio. Por exemplo, no estado gasoso, sob condições ordinárias, a densidade eletrônica é relativamente baixa, a interação da radiação é, portanto, pequena e o índice de refração é ligeiramente maior que a unidade. Com a elevação da pressão, aumenta a densidade eletrônica e observa-se um correspondente aumento do índice de refração. Veja os valores de n para o ar a 25 °C:

P (atm)	n
1	1,00027
100	1,03

Substâncias no estado líquido e sólido apresentam densidades maiores e, consequentemente, seus índices de refração possuem valores mais elevados. A maioria dos líquidos possui n entre 1,3 e 1,8 e, no caso dos sólidos, os valores situam-se entre 1,3 e 2,5, ou até mais.

TABELA 15-2 Índice de refração de alguns líquidos a 25 °C

Líquidos	Índice de refração
Água	1,33
Metanol	1,326
Etanol	1,359
Etilenoglicol	1,429
n-Hexano	1,372
n-Heptano	1,385
n-Octano	1,395
Ciclohexano	1,424
Benzeno	1,498
Tolueno	1,494
Clorobenzeno	1,523
Bromobenzeno	1,557

O n de uma substância é usualmente determinado medindo-se a variação na direção de um feixe de luz monocromática que passa obliquamente de um meio para outro. Esse fenômeno chama-se *refração*.

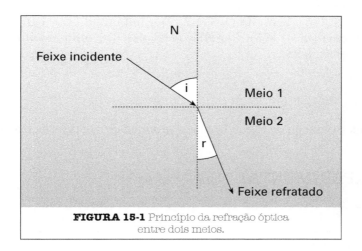

FIGURA 15-1 Princípio da refração óptica entre dois meios.

Na Figura 15-1 o ângulo formado pelo raio luminoso no primeiro meio e a reta normal (N) é o "*ângulo de incidência*" (i ou ϕ_1); e o ângulo correspondente no segundo meio chama-se "*ângulo de refração*" (r ou ϕ_2).

O seno de ϕ_1 e o seno de ϕ_2 são diretamente proporcionais à velocidade da luz nos dois meios:

$$\frac{n_2}{n_1} = \frac{\operatorname{sen} \phi_1}{\operatorname{sen} \phi_2} = \frac{v_1}{v_2}.$$

Quando o primeiro meio é o vácuo, $n_1 = 1$, pois $v = c$; logo,

$$n_2 = \frac{\operatorname{sen} \phi_1}{\operatorname{sen} \phi_2} \quad \text{(lei de Snell)}.$$

Assim, n_2 pode ser obtido a partir da medida dos ângulos ϕ_1 e ϕ_2. Teoricamente o n refere-se ao vácuo, porém é mais simples medir o n de um meio qualquer em relação ao ar, que é o padrão mais empregado. Para trabalhos muito exatos, pode-se usar a conversão: n_2 corrigido = 1,00027 n_2.

A medida do n é muito útil para se confirmar a identidade de um composto ou mesmo para se avaliar o seu grau de pureza. É possível, ainda, determinar a composição quantitativa de misturas binárias homogêneas medindo-se o índice de refração.

Nesse experimento, pares de compostos orgânicos líquidos com propriedades químicas semelhantes serão identificados de acordo com os seus índices de refração relativos. Para tanto, serão comparadas as localizações relativas do feixe de *laser* em um anteparo após sua refração pelos líquidos em estudo e dois outros líquidos de referência. Recomenda-se que substâncias com valores de n bem diferentes sejam usadas como referência; por exemplo,

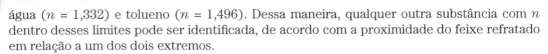

água ($n = 1,332$) e tolueno ($n = 1,496$). Dessa maneira, qualquer outra substância com n dentro desses limites pode ser identificada, de acordo com a proximidade do feixe refratado em relação a um dos dois extremos.

Esse procedimento permite distinguir pares de líquidos como: etanol ($n = 1,360$) e 1-propanol ($n = 1,385$); acetona ($n = 1,359$) e butanona ($n = 1,379$); ciclo-hexano ($n = 1,427$) e hexano ($n = 1,375$); éter etílico ($n = 1,353$) e tetra-hidrofurano ($n = 1,407$), dentre outras possibilidades.

LEITURA RECOMENDADA

Textos de Química Geral ou de Físico-Química: propriedades ópticas da matéria, refração.

PARTE EXPERIMENTAL [duração: aprox. 1h]

Material	Líquidos para estudo
• *Laser pointer* • Béquer de ± 25 mL • Vidro de relógio • Etiquetas brancas e papel ofício • Régua • Lapiseira 0,5 mm. • Fita adesiva • Caneta tipo para retroprojetor	• Metanol • Etanol (absoluto ou 95 %) • Acetona • n-Hexano • Álcool comercial • Ciclo-hexano • Tolueno

Procedimento

Não olhar diretamente para o feixe do *laser*.

1. Pegue um pequeno pedaço de etiqueta adesiva (±1 cm × 1 cm) e faça um furo de ±0,5 mm bem no meio com a ponta de uma lapiseira; cole-o na parede externa do béquer, o mais próximo possível à sua base. O objetivo dessa etapa é fazer com que o feixe de laser torne-se bem reduzido após passar pelo orifício.

2. Fixe sobre a bancada, com fita adesiva, uma folha de papel, tal como mostrado na Figura 15-2.

3. Posicione o béquer na posição indicada na figura de tal maneira que a reta normal (N) passe pelo seu centro e que a parede externa de sua base tangencie a reta perpendicular (T).

4. Faça três pequenas marcas com uma caneta com tinta permanente (tipo retroprojetor), na parede externa do béquer, bem perto de sua base. Por exemplo, uma marca exatamente no ponto de interseção das retas N e T e as outras duas coincidentes

com marcas feitas sobre a Figura 15-2. Esse procedimento facilita a recolocação do béquer em sua posição original após as trocas de líquidos.

5. Fixe uma folha de papel branco ou milimetrado, ou uma tira de etiqueta de uns 15 cm de comprimento, sobre um anteparo adequado e posicione-a a ±15 cm da parede do béquer onde incide o *laser*.

6. Coloque o *laser* no local especificado na figura, o mais próximo possível do furo na etiqueta, de maneira que o furo fique posicionado no centro do feixe. Fixe o *laser* com uma fita adesiva, a fim de mantê-lo na mesma posição durante todo o procedimento.

7. Acione o *laser* e marque com um lápis o ponto onde ele incide sobre o anteparo. Caso a luz apareça no anteparo como um traço e não como um ponto, tome como referência a metade do traço.

8. Acrescente água destilada até cobrir o orifício na etiqueta, acione o *laser* e marque o ponto no anteparo.

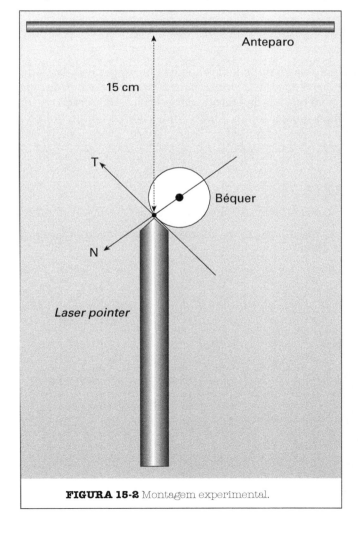

FIGURA 15-2 Montagem experimental.

9. Retire o líquido estudado do béquer, com cuidado para não molhar a etiqueta e seque-o bem, com papel-toalha.
10. Posicione o béquer e confira se ele se encontra na posição correta, acionando o *laser* e verificando se o ponto no anteparo coincide com o ponto original.
11. Acrescente tolueno até passar o orifício na etiqueta, cubra o béquer com um vidro de relógio, acione o *laser* e marque o ponto no anteparo.
12. Execute o procedimento a partir do item 9 com os seguintes pares de líquidos:

    a) etanol e metanol;

    b) *n*-hexano e ciclo-hexano.

Descarte de resíduos

- Os diversos líquidos estudados serão coletados para descarte final.

Discussão

1. Decida sobre a identidade de cada líquido do par estudado, de acordo com a proximidade dos respectivos pontos no anteparo aos pontos da água e do tolueno.
2. Você espera que a temperatura afete o índice de refração de uma substância? Justifique sua resposta.

BIBLIOGRAFIA

1. Moore, W. J. *Physical Chemistry*. 4.ed., New Jersey: Prentice-Hall, 1972.
2. Ohlweiler, O. A. *Fundamentos de Análise Instrumental*. Rio de Janeiro: Livros Técnicos e Científicos Editora, 1981.

ROTEIRO 16

CROMATOGRAFIA EM CAMADA DELGADA

OBJETIVOS

- Demonstrar princípios fundamentais da cromatografia, especialmente a cromatografia em camada delgada, em dois exemplos típicos.
- Separar componentes de uma mistura de origem vegetal (clorofilas e carotenos).
- Identificar um componente ativo em produtos farmacêuticos.

INTRODUÇÃO

A *cromatografia* pode ser definida como um processo de *separação* dos componentes de misturas, baseado na redistribuição das moléculas de cada substância entre duas ou mais fases distintas, as quais estão em contato. De um modo simplificado, a distribuição ocorre entre uma *fase estacionária*, que pode ser líquida ou sólida, e um *fluido*, líquido ou gasoso que se move através dela. Existem vários tipos de técnicas cromatográficas, cujas denominações podem variar de acordo com o mecanismo de separação envolvido e os diferentes tipos de fases: cromatografia em papel, em camada delgada, líquida em coluna, gasosa, por troca iônica.

Geralmente, na *cromatografia em camada delgada*, CCD (em inglês *thin layer chromatography*, TLC) a fase estacionária (ou suporte) é um material sólido finamente pulverizado como, por exemplo, alumina (Al_2O_3) ou sílica gel ($SiO_2 \cdot nH_2O$), aderido a uma placa de vidro. O fluido móvel, também chamado de *solvente de desenvolvimento*, é um líquido puro como n-hexano, acetato de etila, acetona, metanol, ou uma mistura de líquidos.

A técnica de CCD consiste em aplicar, utilizando uma micropipeta ou tubo capilar, uma gotinha da amostra em solução em um dos cantos inferiores da placa. Coloca-se a placa verticalmente dentro de uma câmara ou cuba, com tampa, contendo o solvente de desenvolvimento em um volume tal que o seu nível fique abaixo do ponto de aplicação da amostra. O solvente começa a avançar em sentido ascendente, provocando uma migração diferenciada dos componentes da amostra, dependendo do grau de adsorção das moléculas de cada composto diretamente no suporte e de suas afinidades pela fase móvel. O resultado é uma série de manchas distribuídas verticalmente na placa (Figura 16-1).

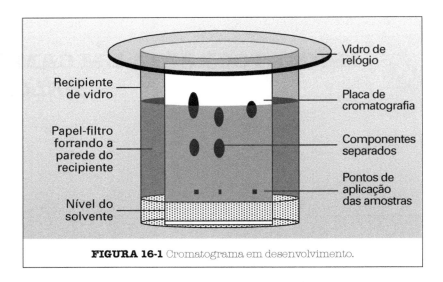

FIGURA 16-1 Cromatograma em desenvolvimento.

Substâncias coloridas podem ser visualizadas diretamente contra a fase estacionária. Já substâncias incolores são usualmente reveladas aplicando-se um reagente apropriado sobre a placa; este reage ou interage com as substâncias, tornando-as coloridas. Alguns compostos, quando expostos à radiação ultravioleta, fluorescem, podendo ser facilmente localizados na placa e marcados, circundando-se as manchas fluorescentes com um lápis.

Sob condições pré-estabelecidas (adsorvente, solvente de desenvolvimento, espessura da camada e homogeneidade), a razão entre a velocidade do movimento de um componente com relação à velocidade do movimento da frente do solvente, ou R_f, é uma propriedade específica de cada composto.

O valor de R_f é determinado medindo-se a distância percorrida por uma substância a partir do ponto de aplicação até o centro da mancha dividido pela distância percorrida pelo solvente, a partir do mesmo ponto de aplicação (Figura 16-2).

$$R_{f1} = \frac{d_1}{d_s}; \quad R_{f2} = \frac{d_2}{d_s}; \quad R_{fx} = \frac{\text{distância percorrida pela substância}\, x}{\text{distância percorrida pelo solvente}}.$$

Devido à rapidez, baixo custo e versatilidade, a cromatografia em camada delgada é uma técnica muito empregada em análises qualitativas de pequenas quantidades de amostra. Laboratórios no mundo inteiro utilizam a CCD rotineiramente para identificação de compostos específicos de uma mistura, por comparação com substâncias de referência, visando, por exemplo, o acompanhamento do avanço de uma reação química, análises periciais e, ainda, na determinação do número de componentes em uma amostra, a fim de verificar o seu grau de pureza.

Em função da simplicidade e grande reprodutibilidade da técnica, a CCD é uma ferramenta muito útil também em laboratórios de controle de qualidade, na análise de produtos naturais e sintéticos tais como, alimentos frescos ou industrializados, produtos farmacêuticos, cosméticos, vitaminas, açúcares, aminoácidos, corantes e agrotóxicos.

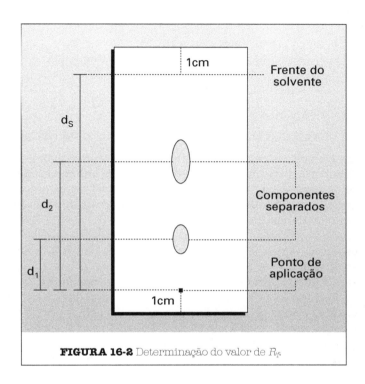

FIGURA 16-2 Determinação do valor de R_f.

LEITURA RECOMENDADA

Química Analítica ou Orgânica: métodos de separação, cromatografia, cromatografia em camada delgada ou camada fina.

PARTE EXPERIMENTAL

Material de uso geral
- Estufa
- Banho-maria
- Seis tubos de ensaio pequenos
- Estante para tubos de ensaio
- Almofariz com pistilo
- Cinco pipetas de Pasteur
- Proveta de 10 mL
- Proveta de 100 mL
- Dez tubos capilares descartáveis

- Bastões de vidro
- Papel-filtro em folha grande
- Duas placas de vidro plano de 5 cm × 10 cm
- Três cubas cromatográficas: recipientes cilíndricos de 6 a 8 cm de diâmetro e cerca de 12 cm de altura (podem ser utilizados vidros de conserva de boca larga com tamanho adequado)
- Dois vidros de relógio para tampar as cubas
- Sílica-gel para cromatografia em camada delgada (por exemplo, sílica-gel G 60)

Preparação das placas de cromatografia

As placas devem ser devidamente preparadas antes da sessão de laboratório.

1. Lavam-se as placas cuidadosamente com detergente e água corrente. Após a lavagem, a superfície das placas não deve ser mais tocada com os dedos. Em seguida, as placas são secas em uma estufa, apenas com papel-toalha ou ao ar.
2. Misturam-se num béquer 30 g de sílica gel com 60 mL de água destilada, até se obter uma suspensão homogênea.
3. Mantendo-se as placas em posição horizontal, transfere-se uma porção adequada da suspensão para a superfície das placas, espalhando-a uniformemente com um bastão de vidro.
4. Logo em seguida, para facilitar a distribuição homogênea da suspensão, mantém-se a placa apoiada sobre a bancada, suspende-se uma das extremidades a cerca de 3 cm de altura e solta-se. Repete-se essa operação com a outra extremidade da placa, até que visualmente toda a superfície esteja uniforme. A espessura do recobrimento deve ser de aproximadamente 0,3 mm.
5. Repousa-se a placa em uma superfície plana horizontal e deixa-se secar ao ar durante 15 a 30 minutos, quando o adsorvente adquire uma aparência opaca.
6. Para serem utilizadas, as placas devem ser ativadas por aquecimento em uma estufa a 110 °C durante 30 minutos. Esse processo visa eliminar a água adsorvida no suporte.
7. As placas assim preparadas estão prontas para uso e podem ser guardadas em lugar protegido, tomando-se cuidado para não tocar, contaminar ou ferir a camada de adsorvente.

PARTE A:
ANÁLISE DE PIGMENTOS DE FOLHAS VERDES [duração: 1h]

Material e reagentes específicos

- Etanol
- Heptano ou ciclo-hexano
- Acetato de etila
- Folhas verdes frescas diversas (por exemplo; couve, espinafre, salsinha, capim, grama, folhas de árvores etc.)

Procedimento

Parte A-I Extração dos pigmentos

1. Pese cerca de 1 g de folhas do vegetal escolhido.
2. Lave a amostra em água corrente, retire o excesso de água com papel-toalha e coloque-a em um almofariz.
3. Adicione sobre a folha cerca de 3 mL de uma mistura 2:1 de heptano e etanol; triture vigorosamente com o pistilo até obter um extrato verde da folha. Se o solvente evaporar durante a maceração, adicione mais um pouco de heptano, mas sem que o volume final ultrapasse 3 mL.
4. Transfira o extrato com um volume final de cerca de 3 mL para um tubo de ensaio e adicione o dobro do volume de água destilada.
5. Com uma pipeta Pasteur, transfira a fase orgânica (fase superior, que deve apresentar uma coloração verde transparente) para um tubo de ensaio seco.
6. Aqueça o tubo com cuidado em um banho-maria a ±40 °C, até que o volume do extrato tenha se reduzido a cerca de 1 mL.

Parte A-II Processo cromatográfico

1. Prepare um volume apropriado de uma mistura de acetato de etila e heptano na proporção 1:2 e coloque-a na cuba cromatográfica com as laterais forradas com papel-filtro até a base, embebendo bem o papel-filtro na mistura de solventes, a fim de garantir que a atmosfera da cuba fique saturada com os seus vapores. O nível do solvente de desenvolvimento deve ficar abaixo do ponto de aplicação da amostra na placa.
2. Com auxílio de um tubo capilar, aplique uma gotinha do extrato vegetal na extremidade inferior da placa, a cerca de 1 cm da borda, conforme instruções do professor.
3. Abane com a mão essa região da placa, para facilitar a evaporação do solvente do extrato.
4. Repita a aplicação do extrato mais duas vezes sobre o mesmo ponto da placa, porém com o cuidado para que se forme um círculo com o menor diâmetro possível (2 mm), onde a mistura estará bem concentrada.
5. Aplique da mesma maneira outros dois extratos de vegetais diferentes, mantendo uma distância de aproximadamente 1 cm entre os pontos de aplicação (veja Figura 16-1).
6. Estando o ponto de aplicação bem seco, introduza a placa com cuidado dentro da cuba, coloque uma tampa e aguarde a subida do solvente na placa.
7. Quando a frente do solvente estiver a aproximadamente 1 cm da extremidade superior da placa, retire a placa da cuba e marque a localização da frente do solvente na placa com a ponta de um lápis.
8. Deixe a placa secar ao ar e observe os componentes coloridos do cromatograma obtido.

Descarte de resíduos

- Descartar no lixo os restos de folhas e a sílica das placas usadas.
- Solventes usados nas cubas podem ser reaproveitados, devendo ser colocados em frascos com tampa apropriadamente etiquetados.

Discussão

1. Apresente um desenho do cromatograma obtido e descreva o resultado observado.
2. Quantos componentes coloridos foram detectados em cada extrato estudado?
3. Determine os valores de R_f para cada componente detectado.

PARTE B:
IDENTIFICAÇÃO DE PARACETAMOL EM ANALGÉSICOS [duração: 1h]

Material e reagentes específicos

- Acetato de etila
- Ácido acético glacial
- Anidrido acético
- p-Aminofenol
- Iodo
- Amostras de analgésicos em comprimidos que possam conter Paracetamol (por exemplo, Tylenol ou Saridon)

Procedimento

Parte B-I Síntese de N-acetil-p-aminofenol ou paracetamol e preparação de amostras para cromatografia

O N-acetil-p-aminofenol é obtido pela acetilação de p-aminofenol com anidrido acético, conforme a equação seguinte:

$$HO-C_6H_4-NH_2 + (CH_3CO)_2O \longrightarrow HO-C_6H_4-NHCOCH_3 + CH_3COOH$$

p-aminofenol   anidrido acético   N-acetil-p-aminofenol

> Atenção: o anidrido acético é uma substância agressiva. Evite derramá-lo, bem como inalar seus vapores.

1. Misture num tubo de ensaio 0,50 g de p-aminofenol e 1 mL de anidrido acético.
2. Aqueça a mistura em um banho-maria em ebulição, até que o sólido tenha se dissolvido completamente (cerca de 10 minutos).
3. Após breve resfriamento, transfira quatro gotas do líquido obtido para um tubo de ensaio, adicione 1 mL de acetato de etila e guarde a solução para a cromatografia.
4. Pulverize em um almofariz um comprimido contendo Paracetamol (Tylenol, Saridon etc.).
5. Transfira o pó para um tubo de ensaio, adicione 2 mL de acetato de etila, agite a mistura e guarde-a para a cromatografia.
6. Coloque uma pitada (cerca de 0,05 g) de 4-aminofenol em um tubo de ensaio, adicione 2 mL de acetato de etila, agite a mistura e guarde-a para a cromatografia.

Parte B-II Processo cromatográfico

1. Usando tubos capilares, aplique uma gotinha das soluções obtidas nos itens (3), (5) e (6) em uma mesma placa de cromatografia, a 1 cm da borda inferior da placa e mantendo cerca de 1 cm de distância entre os pontos de aplicação, conforme a Figura 16-1.
2. Prepare uma mistura de 95 mL de acetato de etila e 5 mL de ácido acético.
3. Transfira uma certa quantidade desse líquido para a cuba de cromatografia, de modo que alcance uma altura de 5 mm.
4. Forre a parede interna da cuba com papel-filtro encostado no fundo. Cubra o recipiente com um vidro de relógio e espere alguns minutos para que a atmosfera da cuba fique saturada com os vapores do solvente de desenvolvimento. Complete eventualmente o nível do líquido.
5. Estando os pontos de aplicação bem secos, introduza a placa na cuba de modo que o nível do líquido fique abaixo dos pontos de aplicação, tampe-a e espere o desenvolvimento do cromatograma.
6. Quando a frente do solvente ficar a 1 cm da borda superior da placa, retire-a e deixe-a secar totalmente ao ar (10 a 15 minutos).
7. Para revelação, insira a placa em um recipiente cilíndrico e seco de tamanho adequado contendo um pouco de iodo sólido. Cubra o recipiente com um vidro de relógio e espere o surgimento de manchas na placa.

Descarte de resíduos

- A sílica das placas usadas deve ser descartada no lixo.
- Resíduos de comprimidos contendo solvente podem ser jogados na pia.
- Solventes usados nas cubas podem ser reaproveitados, devendo ser colocados em frascos com tampa apropriadamente etiquetados.
- O iodo contido nas cubas de revelação pode ser reaproveitado, devendo ser armazenado em frasco bem tampado.

Discussão

1. Apresente um desenho do cromatograma obtido e interprete o resultado observado.
2. Quantos componentes você detectou em cada amostra aplicada?
3. Determine o valor R_f de cada componente detectado.
4. Foi observada a coincidência de um dos componentes do analgésico com o produto sintetizado?

BIBLIOGRAFIA

1. Collins, C. H.; Braga, G. L. *Introdução a Métodos Cromatográficos*, 3.ed., Campinas: Editora da Unicamp, 1988.
2. Roberts, R. M.; Gilbert, J. C.; Rodewald, L. B.; Wingrove, A. S. *An Introduction to Modern Experimental Organic Chemistry*, 1969.
3. Pavia, D. L.; Lampman, G. M.; Kriz, G. S.; Engel, R. G. *Introduction to Organic Laboratory Techniques – A Microscale Approach*. Saunders College Publishing, 1990.

ROTEIRO 17

IDENTIFICAÇÃO DE POLÍMEROS SINTÉTICOS

OBJETIVO

- Adquirir uma noção sobre a constituição química e as propriedades dos principais polímeros sintéticos utilizados no cotidiano, por métodos simples de caracterização e identificação.

INTRODUÇÃO

[Veja também o Roteiro 22, "Síntese de polímeros".]

Polímeros são materiais constituídos por *macromoléculas*, isto é, moléculas formadas por centenas ou milhares de átomos, correspondendo a massas moleculares superiores a 1.000 u (unidades de massa atômica).

A maioria dos polímeros apresenta cadeias longas, compostas por um número grande de unidades características. Por exemplo, na estrutura do polipropileno:

$$-\underset{\underset{CH_3}{|}}{CH}-CH_2-\underset{\underset{CH_3}{|}}{CH}-CH_2-\underset{\underset{CH_3}{|}}{CH}-CH_2-\underset{\underset{CH_3}{|}}{CH}-CH_2-$$

A *unidade mínima* característica que se repete n vezes na cadeia do polímero, é:

$$-\underset{\underset{CH_3}{|}}{CH}-CH_2-$$

O polipropileno é obtido pela *polimerização* do propileno (propeno), seu respectivo *monômero*:

$$\underset{H}{\overset{H}{\diagdown}}C=C\underset{H}{\overset{CH_3}{\diagup}}$$

propileno

Identificação de polímeros sintéticos

ESTRUTURA MOLECULAR DE ALGUNS POLÍMEROS SINTÉTICOS COMUNS E DOS RESPECTIVOS MONÔMEROS

cloreto de vinila → cloreto de polivinila

estireno → poliestireno

metilmetacrilato → polimetilmetacrilato

ácido tereftálico + etilenoglicol → poliéster: polietilenotereftalato

ácido adípico + hexametilenodiamina → poliamida 6.6

A indústria química vem produzindo uma variedade de polímeros, materiais que, de acordo com suas propriedades bastante diversificadas, encontram inúmeras aplicações técnicas e domésticas. Conforme suas propriedades físicas, esses polímeros sintéticos podem ser classificados como plásticos, elastômeros, resinas, polímeros termorrígidos e fibras sintéticas.

Plásticos. Mais corretamente, deve-se dizer polímeros termoplásticos. Trata-se de materiais moldáveis termicamente. Pertencem à classe de maior produção industrial e suas principais aplicações são como material de embalagens (garrafas, sacos, caixas, lâminas), tubos e esquadrias na construção civil, recipientes e outros artigos de uso doméstico, mangueiras, brinquedos. Exemplos: polietileno (PE), polipropileno (PP), poliestireno (PS), cloreto de polivinila (PVC), poliacrilatos, poliésteres e poliamidas (PA).

Elastômeros ou borrachas. Materiais de grande elasticidade, usados principalmente para fabricação de pneus. Exemplos: polibutadieno, poliisopreno e policloropreno.

Resinas. Materiais muito empregados em tintas e vernizes sintéticos. Exemplos: poliésteres, acetato de polivinila (PVAC) e poliuretanos (PU).

Polímeros termorrígidos. Esses materiais, após moldagem térmica, tornam-se irreversivelmente rígidos e praticamente insolúveis. São utilizados como material de revestimento (fórmica), tomadas elétricas etc. Exemplos: policondensados de fenol-formaldeído (PF), ureia-formaldeído (UF).

Fibras sintéticas. Materiais que podem ser estirados em fibras e utilizados na indústria têxtil. Exemplos: poliésteres, poliamidas (PA) e poliacrilonitrila (PAN).

A identificação e separação dos diversos polímeros industrializados é de fundamental importância para a reciclagem ou reaproveitamento desses materiais.

ALGUMAS PROPRIEDADES DOS POLÍMEROS

São apresentadas a seguir algumas propriedades de diversos polímeros sintéticos que podem ser úteis para sua identificação. Essas propriedades correspondem aos respectivos polímeros "puros". Porém diversos materiais comercializados são constituídos de vários componentes poliméricos como, por exemplo, o copolímero ABS, uma mistura de poli*a*crilatos, poli*b*utadieno e poliestireno. Frequentemente, os polímeros comercializados contêm aditivos como, por exemplo, pigmentos ou plastificantes. Nesses casos, as propriedades físicas dos polímeros podem ser sensivelmente alteradas.

Transparência

- Transparentes: PVC, poliacrilatos, poliestireno e poliésteres.
- Parcialmente transparentes: polietileno, polipropileno, politetrafluoroetileno, poliamidas e copolímeros ABS.

Propriedades mecânicas

- Rígidos: poliestireno e poliacrilatos.
- Flexíveis: PVC, poliamidas, ABS, polietileno e polipropileno.
- Elásticos: polibutadieno, poli-isopreno e policloropreno.

Densidade

A densidade dos principais polímeros industrializados varia entre 0,9 e 1,4 g/cm³, (veja a Tabela 17-1).

TABELA 17-1 Densidade de alguns polímeros industrializados	
Material	Densidade (g/cm³)
Polietileno (PE)	0,90-0,98
Polipropileno (PP)	0,92-0,94
Poliestireno (PS)	1,04-1,12
Poliamida 6	1,13-1,24
Poliacrilonitrila (PAN)	1,17-1,18
Polivinilacetato (PVAC)	1,19
Polimetilmetacrilato (PMMA)	1,19
Poliamida 6,6	1,22-1,25
Polietilenotereftalato (PET)	1,34-1,42
Cloreto de polivinila (PVC)	1,39
Politetrafluoroetileno (PTFE)	2,0-2,3

Fusão

- Fundem facilmente: poliacrilatos, polietileno, polipropileno e PVC (com decomposição).
- Fundem mais dificilmente: poliestireno, poliamidas e poliésteres.
- Amolece, mas não funde: politetrafluoroetileno.
- Não fundem: policondensados à base de formaldeído.

Decomposição térmica (pirólise)

Ao serem aquecidos acima de 300 °C sem a participação do oxigênio, os polímeros sofrem degradação térmica (pirólise). Em alguns casos (poliestireno, poliacrilatos), a pirólise leva à despolimerização total, ou seja, formação dos respectivos monômeros, geralmente moléculas insaturadas voláteis, que destilam facilmente, sem deixar resíduos. O processo de despolimerização facilita a reciclagem e o reaproveitamento desses materiais.

O PVC elimina facilmente cloreto de hidrogênio na forma de uma névoa branca, ácida, com formação de um resíduo sólido preto (carbonização). Na pirólise de poliésteres observa-se a sublimação de ácidos carboxílicos, enquanto na pirólise de poliamidas são eliminadas aminas (vapores básicos) com formação de um resíduo escuro.

Polietileno, polipropileno e, especialmente, politetrafluoroetileno são mais resistentes à pirólise.

Queima

Ao serem aquecidos fortemente em presença de ar, os polímeros sofrem degradação oxidativa, ou queima. A facilidade de queima é avaliada pela capacidade dos diferentes materiais de sustentar a chama após a ignição.

Geralmente, a presença de heteroátomos, tais como oxigênio, nitrogênio, cloro ou flúor, dificulta o processo de queima.

- Queimam facilmente, sem produzir fuligem ou fumaça: polietileno, polipropileno e poliacrilatos.
- Queimam facilmente, com produção de fuligem preta: poliestireno e ABS.
- Queimam dificilmente poliésteres, poliamidas e policondensados à base de formaldeído.
- Dificilmente queima com produção de fumaça branca: PVC.
- Não queima: politetrafluoroetileno (Teflon).

Presença de cloro

Alguns polímeros contêm átomos de cloro em suas estruturas. Por exemplo, PVC, cloreto de polivinilideno e policloropreno.

Solubilidade em diversos solventes

- Diclorometano: poliestireno e poliacrilatos.
- Tolueno: polibutadieno, poli-isopreno, poliestireno, poliacrilatos, polipropileno (parcialmente solúvel a quente) e polietileno (parcialmente solúvel a quente).
- Acetona: poliacrilatos.
- Tetrahidrofurano: PVC e poliacrilatos.
- Dimetilformamida: poliamidas e poliésteres.
- Insolúveis na maioria dos solventes comuns: politetrafluoroetileno, polietilenotereftalato, poliéster reticulado, polibutadieno e poli-isopreno vulcanizados e policondensados à base de formaldeído.

LEITURA RECOMENDADA

Química Geral: polímeros sintéticos, macromoléculas, plásticos.

PARTE EXPERIMENTAL

Material	Reagentes
• Béquer de 100 mL	• Diclorometano
• Seis tubos de ensaio	• Tolueno
• Estante para tubos de ensaio	• Acetona
• Bico de Bunsen	• Tetra-hidrofurano
• Pinça de aço	• Dimetilformamida
• Arame de cobre	• Cloreto de sódio (sal de cozinha)
• Pedaços de diversos plásticos comercializados (materiais de embalagem, garrafas descartáveis, acrílicos etc.)	• Fitas de papel indicador de pH

Serão realizados vários testes com pequenos pedaços de diversos polímeros sintéticos, a fim de identificá-los. Recomenda-se escolher amostras de polímeros transparentes ou semitransparentes, não pigmentados, rígidos ou semirrígidos, utilizados como materiais de embalagens ou garrafas (garrafas de refrigerantes, de água mineral, de detergentes líquidos e de cosméticos). Os polímeros mais utilizados para essa finalidade são: polietileno, polipropileno, poliestireno, polimetilmetacrilato, cloreto de polivinila e polietilenotereftalato.

Procedimento

PARTE A:
DENSIDADE

1. Coloque um pedaço da amostra em um béquer com água.
2. Verifique se a densidade da amostra é superior ou inferior àquela da água (1,0 g/cm^3).
3. Coloque um pedaço de cada amostra com densidade superior a 1 g/cm^3 em um béquer com solução saturada de cloreto de sódio (densidade 1,2 g/cm^3). Verifique se a densidade de cada amostra é superior ou inferior a 1,2 g/cm^3.
4. Classifique a amostra pesquisada conforme sua densidade, com ajuda da Tabela 17-1.

Observação: os polímeros industrializados frequentemente contêm pigmentos inorgânicos ou plastificantes; nesses casos, a densidade aumenta consideravelmente e não pode ser utilizada para a caracterização do polímero!

PARTE B:
FUSÃO E DECOMPOSIÇÃO TÉRMICA

1. Aqueça um pedaço de cada amostra num pequeno tubo de ensaio, seco, em um bico de Bunsen e observe a facilidade de fusão e a formação de produtos de pirólise (gases, líquidos e resíduos sólidos).
   Observação: a fusão da maioria dos polímeros gera produtos de difícil remoção do tubo de ensaio, tornando inevitável a sua inutilização.
2. Para verificar a acidez ou basicidade dos produtos de pirólise em fase gasosa, coloque uma fita de papel indicador de pH, umedecida com água, na boca do tubo.

PARTE C:
QUEIMA

1. Coloque um pedaço de cada amostra diretamente na chama do bico de Bunsen, com auxílio de uma pinça de aço.
2. Observe o comportamento quanto à capacidade de sustentar a chama e circunstâncias de queima, formação de fumaça ou fuligem.

PARTE D:
PRESENÇA DE CLORO (TESTE DE BEILSTEIN)

1. Aqueça um arame de cobre em um bico de Bunsen.
2. Toque com o arame quente num pedaço da amostra, de maneira que um pouco do material fique aderido ao arame.
3. Aqueça intensamente o arame com a amostra no bico de gás e observe a coloração da chama. Uma coloração verde indica a presença de cloro na amostra.

PARTE E:
SOLUBILIDADE EM DIVERSOS SOLVENTES

- Verifique a solubilidade de pequenos pedaços das amostras em tubos de ensaio secos contendo aproximadamente 2 mL dos seguintes solventes: tolueno, diclorometano, acetona, tetra-hidrofurano e dimetilformamida. A solubilização pode demorar; portanto deve-se esperar 10 minutos, agitando ocasionalmente o tubo, antes de se chegar a uma conclusão. Se não houver solubilização à temperatura ambiente, aqueça cuidadosamente os tubos. Cuidado: você está trabalhando com solventes inflamáveis.

Descarte de resíduos

1. Os solventes devem ser recolhidos em recipientes adequados (separados em clorados e não clorados) para posterior descarte final.
2. Sobras de materiais como polímeros e tubos de ensaio com resíduos de difícil remoção devem ser depositados no lixo.

Discussão

1. Identifique a amostra com base nos testes realizados.
2. Desenhe a estrutura molecular do polímero identificado.
3. De acordo com os testes realizados, você considera possível a reciclagem e/ou o reaproveitamento do material identificado? Justifique.
4. Qual seria um solvente adequado para preparar uma cola para PVC?
5. Por que o polietileno é difícil de colar?

BIBLIOGRAFIA

1. Brandrup, J.; Immergut, E. H. (Ed.) *Polymer Handbook*, 3.ed., New York: John Wiley, 1989.
2. Fried, J. R. *Polymer Science and Technology*. New Jersey: Prentice Hall, 1995.
3. Nicholson, J. W. *The Chemistry of Polymers*. Cambridge: The Royal Society of Chemistry, 1991.
4. Guedes, B.; Filokauskas, M. E. *O Plástico*. São Paulo: Livros Érica Editora Ltda., 1986.

ROTEIRO 18

ANÁLISE DE BEBIDAS

OBJETIVOS

- Verificar a presença de alguns componentes em sucos *in natura* e industrializados, e em refrigerantes, mediante testes qualitativos simples.
- Adquirir noções de colorimetria.

INTRODUÇÃO

A *Bromatologia* é a ciência dedicada ao estudo dos alimentos, compreendendo os mais diversos aspectos, tais como nutricional, bacteriológico, toxicológico, químico. O aspecto químico contempla principalmente a determinação de parâmetros físico-químicos, análise de componentes específicos e o desenvolvimento de novos métodos analíticos mais sensíveis e precisos, visando garantir a qualidade dos alimentos à disposição dos consumidores.

O *Codex Alimentarius* ou *Código de Alimentos*, uma iniciativa da FAO (Food and Agriculture Organization) e da OMS (Organização Mundial da Saúde), consiste num conjunto de normas e recomendações que se tornou uma referência mundial para consumidores, produtores de alimentos, agências governamentais de controle e fiscalização, e, ainda, para o comércio internacional. O *Codex*, que é constantemente aprimorado por uma comissão de especialistas de diversos países, representa um meio de harmonizar tanto padrões internacionais para inúmeros alimentos, quanto normas visando boas práticas de manipulação e higiene durante o processamento, contribuindo, consequentemente, para a proteção da saúde pública.

De acordo com o *Codex Alimentarius*, alimento é definido como "qualquer substância, processada, semiprocessada ou *in natura*, consumida pelo homem, incluindo líquidos e gomas de mascar e qualquer substância que tenha sido empregada na preparação, fabricação ou usada para tratar o alimento, não incluindo cosméticos, tabaco ou substâncias usadas como remédios". Nessa definição estão incluídos os "aditivos": substâncias ou produtos adicionados ao alimento para deixá-lo em melhores condições para o consumo, ou mesmo aquelas substâncias ou micro-organismos acidentalmente presentes em virtude de uma contaminação *in natura*, durante o seu processamento ou armazenamento.

A *química dos alimentos* é um assunto bastante complexo, de modo que a determinação da composição química completa de um alimento pode significar anos de intensa investigação ou mesmo uma tarefa impossível de se realizar. Na maioria dos casos, conhece-se apenas uma fração da sua composição ou apenas categoriza-se seus constituintes em grandes classes: proteínas, carboidratos, lipídios, vitaminas e matéria mineral. Veja, como exemplo, os principais componentes de sucos naturais de frutas:

- açúcares: sacarose, glicose, frutose etc.
- polissacarídeos: pectinas, amido etc.
- ácidos carboxílicos: ácido cítrico, ácido tartárico, ácido málico etc.
- sais minerais: principalmente sais de potássio, sódio e cálcio.
- vitaminas: principalmente vitaminas A e C.
- aromas naturais característicos para cada fruta.
- corantes naturais.

A análise de alimentos, entretanto, não investiga apenas os componentes naturais de importância nutricional ou não, mas também a presença de *aditivos* intencionais ou acidentais. O uso intencional de aditivos durante a produção, preparação, processamento, distribuição e armazenamento tem como finalidade manter ou melhorar a qualidade dos alimentos, com vistas a preservar a saúde dos consumidores. Alguns aditivos, todavia, são acidentais como, por exemplo, resíduos de agrotóxicos ou medicamentos veterinários (antibióticos, hormônios), resíduos de fertilizantes, metais ou outras substâncias provenientes das embalagens.

Na maioria dos países existe uma legislação específica para regulamentar o uso de aditivos em alimentos, e análises bromatológicas são realizadas em órgãos governamentais de fiscalização, seguindo métodos analíticos padronizados. Assim, análises de alimentos são conduzidas em laboratórios do mundo inteiro para verificar, dentre outros parâmetros, se há presença de aditivos intencionais não permitidos pela legislação ou aditivos acidentais em concentrações acima dos valores mínimos toleráveis.

As bebidas industrializadas são um dos tipos de alimento que requerem fiscalização por parte dos órgãos de saúde. Bebidas *refrigerantes* preparadas a partir de sucos ou extratos vegetais podem conter os seguintes *aditivos*:

- gás carbônico (dióxido de carbono, CO_2).
- acidulantes: ácido cítrico, ácido tartárico ou di-hidrogenofosfato de sódio (NaH_2PO_4).
- adoçantes ou edulcorantes: a maioria dos refrigerantes dietéticos contém adoçantes sintéticos, como sacarina, ciclamato ou aspartame.
- corantes naturais (açafrão, pau-brasil, beterraba etc.) ou artificiais (azorubina, eritrosina, indigotina etc.).
- aromatizantes ou flavorizantes naturais ou artificiais.
- eventualmente estimulantes, como cafeína ou quinina.
- conservantes, estabilizantes ou antioxidantes, como ácido benzóico ou benzoatos, ácido sórbico ou sorbatos e dióxido de enxofre.

LEITURA RECOMENDADA

Química de alimentos, análise de alimentos, aditivos químicos em alimentos, vitaminas, açúcares, bebidas, sucos, refrigerantes, princípios de colorimetria etc.

PARTE EXPERIMENTAL

Nos experimentos a seguir vamos verificar em sucos naturais e em bebidas refrigerantes a presença de alguns componentes de fácil detecção: dióxido de carbono, fosfato, glicose e vitamina C.

Os alunos devem trazer para a sessão de laboratório no mínimo três exemplares diferentes de cada um dos seguintes tipos de amostras:

a) frutas frescas para extração de sucos (laranja, limão etc.);
b) sucos industrializados de frutas diversas em embalagem original;
c) bebidas refrigerantes.

Material de uso geral

- Dez tubos de ensaio
- Estante para tubos de ensaio
- Pipetas de Pasteur

PARTE A:
GÁS CARBÔNICO EM REFRIGERANTES [duração: 15-20 min]

Neste experimento, fazemos borbulhar o gás desprendido de um refrigerante, através de uma solução de hidróxido de bário. O dióxido de carbono reage com o hidróxido de bário, formando um precipitado de carbonato de bário ($BaCO_3$).

Material e reagentes específicos

- Canudo dobrável
- Massa plástica para modelar
- Solução recém-preparada e decantada de hidróxido de bário ($Ba(OH)_2 \cdot 8H_2O$), 10 g/L

Procedimento

1. Transfira cerca de 10 mL de um refrigerante recém-aberto para um tubo de ensaio.
2. Coloque cerca de 5 mL da solução de hidróxido de bário em outro tubo de ensaio.
3. Monte rapidamente a conexão entre os dois tubos de ensaio (veja a Figura 18-1), vedando com massa plástica a saída do canudo do tubo contendo o refrigerante.
4. Agite o conjunto de tal maneira que o gás liberado pelo refrigerante borbulhe através da solução de hidróxido de bário.
5. Observe a formação de um precipitado de carbonato de bário no tubo com o hidróxido de bário.

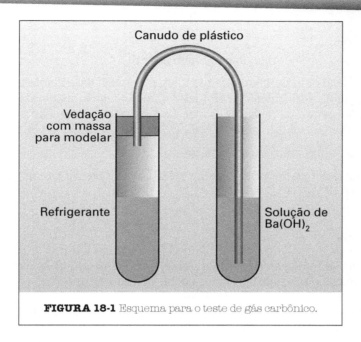

FIGURA 18-1 Esquema para o teste de gás carbônico.

Descarte de resíduos

- A solução de hidróxido de bário deve ser depositada num recipiente específico para coleta de resíduos inorgânicos.

Discussão

1. Apresente a equação química correspondente à reação do hidróxido de bário com o dióxido de carbono.
2. Proponha outros reagentes adequados para verificar a presença de dióxido de carbono e apresente as equações químicas correspondentes às reações esperadas.
3. Com que finalidade o gás carbônico é utilizado em refrigerantes?

PARTE B:
PRESENÇA DE FOSFATO EM REFRIGERANTES [duração: 20-30 min]

O íon fosfato reage em solução ácida com o íon molibdato, formando ácido fosfomolíbdico ($H_3P_4Mo_{12}O_{40}$). Em presença de um agente redutor forte (cloreto de estanho (II), ácido ascórbico etc.), o ácido fosfomolíbdico é reduzido a uma espécie que apresenta coloração azul intensa ("azul de molibdênio").

Reagentes específicos

- Ácido sulfúrico (H_2SO_4) diluído na proporção 1:10
- Solução de molibdato de amônio, 0,25 mol/L, preparada da seguinte maneira: dissolver 4,4 g de molibdato de amônio $(NH_4)_6Mo_7O_{24} \cdot 4H_2O$ numa mistura de 6 mL de amônia concentrada e 4 mL de água; Adicionar 12 g de nitrato de amônio e, após completa dissolução, diluir a solução para 100 mL
- Solução recém-preparada de ácido ascórbico, 10 g/L
- Solução de di-hidrogenofosfato de sódio ($NaH_2PO_4 \cdot H_2O$), 10 g/L, ou hidrogenofosfato de sódio ($Na_2HPO_4 \cdot 7H_2O$), 20 g/L

Procedimento

1. Escolha três refrigerantes distintos e siga o procedimento abaixo para cada um deles.
2. Numere cinco tubos de ensaio e coloque-os numa estante.
3. Coloque dez gotas do refrigerante nos tubos 1, 2 e 3.
4. Adicione ao quarto tubo dez gotas de água destilada e, ao quinto tubo, três gotas da solução de fosfato de sódio. Esses dois tubos servem como referência.
5. Adicione aos cinco tubos, sucessivamente, os seguintes reagentes, agitando-os após cada adição:
   a) dez gotas da solução de ácido sulfúrico,
   b) três gotas da solução de molibdato de amônio,
   c) três gotas de solução da ácido ascórbico.
6. Após 5 minutos, observe e compare o surgimento de uma coloração azul nas diversas amostras.

Observação: se no quarto tubo (água destilada) aparecer uma coloração azul, ou se, no quinto tubo (fosfato de sódio) não surgir uma coloração azul intensa, consulte o professor.

Avaliação e discussão

1. Coloque os refrigerantes investigados em ordem crescente de teor de fosfato, considerando que a intensidade da cor azul é diretamente proporcional à concentração de fosfato na amostra.
2. Com que objetivo se adiciona fosfato a bebidas refrigerantes?

PARTE C:
PRESENÇA DE VITAMINA C EM SUCOS FRESCOS E INDUSTRIALIZADOS [duração: 20-30 min]

ácido ascórbico ou vitamina C

Neste experimento aproveitamos a mesma reação utilizada no experimento B, adicionando fosfato à amostra em vez de ácido ascórbico. Nesse caso, se houver a presença de ácido ascórbico, este atuará como redutor do ácido fosfomolíbdico ($H_3P_4Mo_{12}O_{40}$), produzindo uma solução de coloração azul.

Material e reagentes específicos

- Funil pequeno
- Papel-filtro
- Ácido sulfúrico (H_2SO_4) diluído na proporção 1:10.
- Solução de di-hidrogenofosfato de sódio ($NaH_2PO_4 \cdot H_2O$), 10 g/L, ou hidrogenofosfato de sódio ($Na_2HPO_4 \cdot 7H_2O$), 20 g/L
- Solução de molibdato de amônio, preparada conforme descrito no experimento B.
- Solução recém-preparada de ácido ascórbico, 10 g/L

Procedimento

1. Recomenda-se filtrar as diversas amostras de sucos antes de realizar o teste.
2. Escolha dois tipos de suco natural de fruta, recém-preparados, e duas amostras de sucos comercializados, e siga o procedimento abaixo para cada um deles.
3. Numere seis tubos de ensaio e coloque-os numa estante.
4. Coloque dez gotas da amostra nos tubos 1, 2, 3 e 4.
5. Adicione ao quinto tubo de ensaio dez gotas de água destilada e, ao sexto tubo, dez gotas da solução de ácido ascórbico. Esses dois tubos servem como referência.
6. Adicione a todos os tubos, sucessivamente, os seguintes reagentes, agitando-os após cada adição:
   a) cinco gotas da solução de ácido sulfúrico;
   b) três gotas da solução de fosfato de sódio;
   c) três gotas da solução de molibdato de amônio.
7. Após 5 minutos, observe e compare o surgimento de uma coloração azul nas diversas amostras.

Observação: se no quinto tubo (água destilada) aparecer uma coloração azul, ou se, no sexto tubo (ácido ascórbico) não surgir uma coloração azul intensa, consulte o professor.

Avaliação e discussão

1. Coloque as bebidas investigadas em ordem crescente de teor de vitamina C, considerando que a intensidade da cor azul é diretamente proporcional à concentração de vitamina C na amostra.
2. O resultado corresponde às suas expectativas? Justifique sua resposta.

PARTE D:
PRESENÇA DE GLICOSE EM SUCOS E REFRIGERANTES [duração: 20-30 min]

A glicose exibe propriedade redutora fraca, enquanto a sacarose (açúcar comum) não apresenta tal comportamento. Portanto, a presença de glicose em amostras contendo sacarose pode ser verificada pela reação com um oxidante adequado. Neste experimento, utilizaremos o reagente de Fehling, uma solução de um sal complexo de cobre(II) em meio básico. Na presença de açúcares redutores, o sal de cobre(II) é reduzido, gerando um precipitado alaranjado ou vermelho de óxido de cobre(I) Cu_2O:

$$\underset{\text{solução azul}}{\text{tartarato complexo de cobre(II)}} + \text{glicose} \Rightarrow \underset{\text{precipitado alaranjado}}{\text{óxido de cobre(I)}} + \text{gluconato}$$

Material e reagentes específicos

- Funil pequeno
- Papel-filtro
- Solução de glicose, 10 g/L
- Solução de sacarose (açúcar comum), 10 g/L
- Reagente de Fehling (consiste em duas soluções que devem ser preparadas e estocadas separadamente)

    Componente (a): solução de 35 g de tartarato de sódio e potássio e 25 g de hidróxido de potássio em 100 mL de água.

    Componente (b): solução de 7,5 g de sulfato de cobre penta-hidratado em 100 mL de água.

Procedimento

1. Recomenda-se filtrar as diversas amostras de sucos antes de realizar o teste.
2. Escolha um suco natural de fruta recém-preparado, um suco industrializado, um refrigerante comum e um refrigerante *diet* (ou *light*), e siga o procedimento abaixo para cada um deles. Recomenda-se escolher amostras que não tenham dado resposta positiva no teste para vitamina C, pois ela também reage com a solução de Fehling.
3. Coloque sete tubos de ensaio numerados numa estante.
4. Coloque dez gotas da amostra nos tubos 1, 2, 3 e 4.

5. Adicione ao quinto tubo de ensaio dez gotas de água destilada, ao sexto tubo dez gotas da solução de glicose e, ao sétimo tubo, dez gotas da solução de sacarose. Esses três tubos servem como referência.
6. Adicione a todos os tubos, com agitação, cinco gotas do componente (a) e cinco gotas do componente (b) do reagente de Fehling.
7. Coloque os tubos durante 5 minutos em um banho-maria a aproximadamente 60 °C.
8. Observe a formação do precipitado alaranjado nos tubos. A cor do precipitado pode variar entre amarela e vermelha.

Observação: se no quinto ou no sexto tubo (água destilada ou sacarose) aparecer um precipitado, ou, se no sétimo tubo (glicose) não surgir um precipitado, consulte o professor.

Avaliação e discussão

1. Coloque as bebidas investigadas em ordem crescente de teor de glicose, considerando que a quantidade de precipitado formado é proporcional à concentração de glicose na amostra.
2. O resultado corresponde às suas expectativas? Justifique sua resposta.

BIBLIOGRAFIA

1. Egan, H.; Kirk, R. S.; Sawyer, R. *Pearson's Chemical Analysis of Foods*. Essex: Longman Scientific & Technical, 1981.
2. Normas Analíticas do Instituto Adolfo Lutz, Volume 1, *Métodos Químicos e Físicos para Análise de Alimentos*. São Paulo: Instituto Adolfo Lutz, 1976.
3. Feigl, F. *Spot Tests in Organic Analysis*, 7. ed. New York: Elsevier Scientific Publ. Comp., 1966.
4. Bobbio, F. O.; Bobbio, P. A. *Manual de Laboratório de Química de Alimentos*. Editora Varela, 1995.
5. Mattos Simão, A. *Aditivos para Alimentos sob o Aspecto Toxicológico*. São Paulo: Livraria Nobel S.A., 1985.

ESTUDO DE DETERGENTES

OBJETIVOS

- Conhecer algumas propriedades de detergentes de uso doméstico.
- Identificar alguns componentes em detergentes comerciais e conhecer suas funções.

INTRODUÇÃO

O termo *detergente* provém do verbo latino *detergere* (limpar, esfregar) e refere-se a materiais químicos que facilitam o processo de lavagem, ou seja, a remoção de sujeiras.

O *sabão* representa o exemplo mais conhecido de detergente, visto que sua utilização é conhecida há mais de 2.000 anos. O sabão comum é uma mistura de sais sódicos de diversos ácidos carboxílicos de cadeia longa, tais como o palmitato de sódio $CH_3(CH_2)_{14}COO^- Na^+$ ou estearato de sódio $CH_3(CH_2)_{16}COO^- Na^+$, produzidos pela reação de óleos ou gorduras com soda cáustica. Esse processo, também denominado *saponificação*, pode ser representado pela seguinte equação geral, onde R é uma cadeia carbônica longa, com doze a dezoito átomos:

$$\begin{array}{c} H_2C-OCOR \\ HC-OCOR' \\ H_2C-OCOR'' \end{array} + 3\ NaOH \xrightarrow{calor} \begin{array}{c} H_2C-OH \\ HC-OH \\ H_2C-OH \end{array} + \begin{array}{c} RCOO^-Na^+ \\ R'COO^-Na^+ \\ R''COO^-Na^+ \end{array}$$

gordura ou óleo   soda cáustica   glicerina   sabão

A função do sabão no processo de lavagem deve-se à sua propriedade *tensoativa* ou *surfactante*, isto é, a capacidade de diminuir a tensão superficial da água, facilitando assim a penetração da água nos tecidos das roupas. Os componentes tensoativos dos detergentes modernos geralmente são produzidos em larga escala industrial a partir do petróleo ou gás natural. Exemplos de surfactantes sintéticos são alquilsulfatos de sódio (1) ou alquilbenzenossulfonatos de sódio (2) de cadeia linear, os quais, ao contrário de seus antecessores de cadeia ramificada, são mais facilmente biodegradáveis:

$$CH_3(CH_2)_{10}CH_2OSO_3^- \, Na^+ \qquad CH_3(CH_2)_9\underset{CH_3}{CH}-\langle\bigcirc\rangle-SO_3^- \, Na^+$$

(1) (2)

Os detergentes modernos são misturas complexas que, além dos surfactantes, contêm diversos componentes aditivos com funções coadjuvantes no processo de lavagem: sequestrantes, alvejantes, esbranquiçadores, espumantes, perfumes.

Tanto os sabões, como os surfactantes sintéticos apresentam moléculas que possuem uma extremidade polar ou *hidrofílica*, sendo o resto da molécula apolar ou *hidrofóbico* (lipofílico). Nos sabões, a propriedade polar é gerada por um grupo carboxilato (—COO⁻) e, em detergentes sintéticos, por grupos sulfato (—OSO_3^-) ou sulfonato (—SO_3^-), entre outros. A parte lipofílica geralmente é representada por cadeias hidrocarbônicas lineares [$CH_3(CH_2)_n^-$].

$$CH_3(CH_2)_{10}CH_2OSO_3^- \, Na^+ \qquad CH_3(CH_2)_{16}COO^- \, Na^+$$

|---------- apolar ----------‖---- polar ----| |---------- apolar ----------‖---- polar ----|

Representação esquemática:

|---------------------------- cauda apolar ----------------------------‖---- cabeça polar ----|

Seria de esperar que esses sais fossem solúveis em água e formassem "soluções". Entretanto, quando se misturam água e sabão, por exemplo, forma-se uma dispersão coloidal e não uma solução verdadeira. Tais dispersões ou emulsões contêm agregados esféricos de moléculas chamados *micelas*, cada um contendo centenas de moléculas de sabão (Figura 19-1).

De acordo com a regra empírica "semelhante dissolve semelhante", as extremidades apolares criam um ambiente apolar ao se disporem no centro da micela, enquanto a parte polar das moléculas fica voltada para o exterior da micela, em contato direto com o ambiente polar do solvente, no caso, a água. As micelas permanecem coloidalmente dispersas na água sem qualquer tendência a precipitar, pois existe uma repulsão eletrostática entre as superfícies externas carregadas.

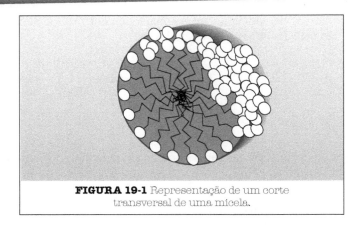

FIGURA 19-1 Representação de um corte transversal de uma micela.

Moléculas que possuem extremidades polares e apolares, e são grandes o suficiente para apresentar um comportamento diferenciado no que diz respeito à solubilidade, isto é, são simultaneamente hidrofílicas e hidrofóbicas, chamam-se *anfifílicas* ou *anfipáticas*. Enquanto a extremidade polar dessas moléculas é atraída pela água, a parte apolar é repelida pela água e atraída por óleos e gorduras (Figura 19-2). Como a maioria das sujeiras nas roupas ou na pele está aderida a uma fina camada de óleo, gordura ou, ainda, graxa, se essa fina camada de óleo, por exemplo, puder ser removida, as partículas de sujeira podem ser drenadas pela água.

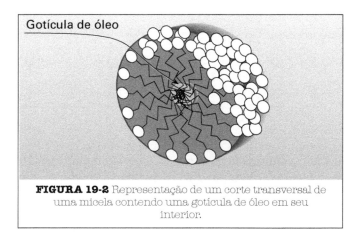

FIGURA 19-2 Representação de um corte transversal de uma micela contendo uma gotícula de óleo em seu interior.

A redução da tensão superficial da água na presença de um detergente se deve ao fato de as moléculas anfifílicas se posicionarem na superfície da "solução" com a extremidade polar submersa e a parte apolar, hidrofóbica, orientada para a superfície (Figura 19-3). Tal orientação destrói a teia de moléculas de água altamente associadas por ligações de hidrogênio na superfície do líquido.

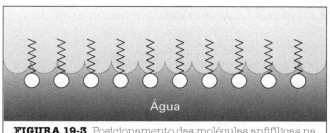

FIGURA 19-3 Posicionamento das moléculas anfifílicas na superfície do líquido, reduzindo a sua tensão superficial.

A composição química da água pode variar conforme as características geológicas de cada região e, eventualmente, dificultar o processo de lavagem. Por exemplo, águas "duras", isto é, ricas em íons Ca^{2+} e Mg^{2+} ou, ainda, ferruginosas, que contêm uma alta concentração de íons de ferro, tendem a formar carboxilatos, sulfatos ou sulfonatos de Ca^{2+}, Mg^{2+} ou Fe^{2+} em contato com as moléculas tensoativas. Tais compostos são pouco solúveis em água e têm a tendência de aderir aos tecidos, tornando a roupa lavada áspera. O efeito desagradável desses cátions é evitado pela adição de tripolifosfato de sódio ($Na_5P_3O_{10}$). A principal função desse fosfato é como *sequestrante*, isto é, formar complexos solúveis com os cátions Ca^{2+}, Mg^{2+}, Fe^{2+} presentes na água. Outro efeito do fosfato é preservar a alcalinidade desejável durante o processo de lavagem, além de cooperar na formação de micelas.

O fosfato procedente dos detergentes de uso doméstico, transportado pelos esgotos aos rios e lagos, cria um sério impacto ambiental. O fosfato é um nutriente mineral essencial para os vegetais e favorece o crescimento de plantas aquáticas, especialmente algas. O crescimento exagerado desses vegetais implica no decréscimo dos níveis de oxigênio disponível no sistema aquático, inviabilizando a sobrevivência de peixes e outros animais. O sistema ecológico entra então em colapso (*eutrofia*), num processo conhecido como *eutrofização*. Por esse motivo, o fosfato em detergentes está sendo substituído por outros componentes como, por exemplo, zeólitas.

Muitos detergentes eficientes não formam espuma em água. Experimentos provaram que a formação de espuma não é uma propriedade indispensável para a função detergente. Entretanto, como o consumidor associa a formação de espuma com a capacidade de limpar, os produtores em geral adicionam agentes espumantes à composição dos produtos.

Alvejantes são substâncias que eliminam manchas de origem vegetal (frutas, verduras, sucos, vinho tinto etc.). A maioria desses alvejantes é de oxidantes fortes, com ação destrutiva sobre substâncias facilmente oxidáveis como os corantes vegetais (oxidação irreversível). Os alvejantes não eliminam manchas ferruginosas ou de sangue.

Um alvejante comum e muito potente é a água sanitária, cujo componente ativo é o hipoclorito de sódio (NaOCl). Alvejantes mais brandos, geralmente peróxidos (perborato ou peroxocarbonato de sódio), são utilizados como aditivos em detergentes do tipo "lava-roupa".

LEITURA RECOMENDADA

Detergentes, surfactantes, sabão, alvejantes, colóides, tensão superficial e micelas.

PARTE EXPERIMENTAL [duração: 20 a 30 min/item]

Materiais de uso comum

- Tubos de ensaio
- Estante para tubos de ensaio
- Espátula
- Proveta graduada de 5 ou 10 mL
- Diversas amostras de detergentes em pó (lava-roupa)
- Diversas amostras de detergentes líquidos (lava-louça)
- Sabão comum ralado
- Soluções filtradas (proporção 1:100) de sabão e de diversos detergentes lava-louça e lava-roupa.

Descarte de resíduos

- Os resíduos dos experimentos podem ser diluídos com água e despejados na pia.

PARTE A:
ESTUDO DO EFEITO DE DETERGENTES SOBRE A TENSÃO SUPERFICIAL DA ÁGUA

[Veja também o Roteiro 15 "Estudo de propriedades físicas de líquidos — 2, Parte A".]

Materiais específicos

- Duas placas de Petri
- Gotas de óleo comestível
- Béquer de 50 mL ou de 100 mL
- Pedaços de flanela ou de veludo
- Enxofre em pó (enxofre sublimado)
- Negro de fumo ou carvão vegetal pulverizado

Procedimento

- Escolha uma das soluções de detergentes e realize os seguintes experimentos:

Parte A-I

1. Aplique sobre um pedaço de flanela ou veludo seco uma gota de água e, ao lado, uma gota de solução de um detergente.
2. Observe o comportamento das duas gotas.

Parte A-II

1. Pegue um béquer de 50 ou de 100 mL e preencha-o até a metade com água.
2. Espalhe um pouco de enxofre em pó ou negro de fumo sobre a superfície da água, sem agitar.
3. Adicione três gotas de solução de um detergente, sem agitar.
4. Observe o comportamento das partículas sólidas.

Parte A-III

1. Coloque uma solução de um detergente numa placa de Petri e água numa segunda placa, até uma altura de, no mínimo, 0,5 cm.
2. Adicione, com o auxílio de uma pipeta, uma gota de óleo comestível às duas placas.
3. Observe o comportamento do óleo nos dois casos.

Discussão

- Explique o efeito observado em cada um dos três experimentos com base nas propriedades tensoativas dos detergentes.
- Descreva as interações das partículas sólidas com as moléculas de detergente. Complemente a sua resposta com desenhos.

PARTE B:
EMULSIFICAÇÃO DE ÓLEOS

Material específico
- Óleo comestível

Procedimento

1. Prepare quatro tubos de ensaio numa estante e adicione 5 mL das seguintes soluções:
   tubo 1: água;
   tubo 2: solução de sabão comum;
   tubo 3: solução de um detergente lava-louça;
   tubo 4: solução de um detergente lava-roupa.
2. Adicione dez gotas de óleo comestível a cada um dos tubos.
3. Agite simultaneamente os tubos com vigor, até obter uma dispersão fina do óleo.
4. Coloque os tubos em repouso e observe o tempo decorrido em cada caso para a separação do óleo (não considere a formação de espuma).

Discussão

1. O que é uma emulsão?
2. Explique como o detergente dificulta a coagulação das gotículas de óleo emulsionado na água.

PARTE C:
DEMONSTRAÇÃO DA CAPACIDADE DOS DETERGENTES DE REMOVER PARTÍCULAS

Material específico

- Quatro frascos de Erlenmeyer de 100 mL
- Negro de fumo ou carvão vegetal pulverizado
- Papel-filtro de porosidade média
- Dois funis de vidro

Procedimento

1. Em recipientes separados, adicione uma pitada de negro de fumo ou carvão ativado a 50 mL de água pura e a 50 mL de solução de um detergente.
2. Agite as duas misturas e filtre-as, separadamente, através de um papel-filtro de porosidade média.
3. Compare a eficiência da filtração nos dois casos.

Observação: o filtrado da mistura com água pura não apresenta partículas de carvão, enquanto o filtrado da mistura com solução de detergente contém partículas pretas. O detergente facilita a passagem de partículas sólidas finas através dos poros do filtro. Essa capacidade de facilitar o transporte de partículas (de sujeira) através dos tecidos é uma das propriedades essenciais de um detergente.

Discussão

1. Você considera o fenômeno surpreendente? Por quê?
2. O carvão vegetal apresenta características hidrofílicas ou hidrofóbicas? Justifique sua resposta.
3. O carvão vegetal poderia ser englobado a uma estrutura micelar, como acontece com uma gota de óleo? Complemente a sua resposta com desenhos.

PARTE D:
ALCALINIDADE

Material específico
- Solução alcoólica de fenolftaleína, 5 g/L.

Procedimento
- Realize os seguintes testes com soluções de sabão comum, um detergente lava-louça e um detergente lava-roupa.
    1. Adicione uma ou duas gotas de solução de fenolftaleína (ou de outro indicador adequado) a 2-3 mL de cada solução de detergente em tubos de ensaio.
    2. Observe e interprete a reação (em meio neutro ou ácido, a fenolftaleína fica incolor, em meio básico mostra uma coloração rosa).

Discussão
- Qual é a importância do pH no processo de lavagem?

PARTE E:
FLOCULAÇÃO

Material específico
- Ácido sulfúrico (H_2SO_4) diluído na proporção 1:10
- Solução filtrada de cloreto de cálcio ($CaCl_2$), 100 g/L

Procedimento
- Realize os seguintes testes com soluções de sabão comum, um detergente lava-louça e um detergente lava-roupa.

Parte E-I: Efeito de ácidos
1. Adicione duas ou três gotas da solução de ácido sulfúrico a 2-3 mL de cada solução de detergente em tubos de ensaio e observe a turvação ou floculação.
2. Compare e comente a intensidade da turvação ou floculação entre as diversas amostras.

Parte E-II: Efeito de cátions de cálcio
1. Adicione duas ou três gotas de solução de cloreto de cálcio a 2-3 mL de cada solução de detergentes em tubos de ensaio e observe a turvação ou floculação.
2. Compare e comente a intensidade da turvação ou floculação entre as diversas amostras.

Discussão

1. Comente os resultados observados.
2. Qual é a provável composição química dos flocos formados em cada caso? Indique as fórmulas moleculares correspondentes.
3. Por que é necessário que o meio em que os detergentes atuam não seja ácido?

PARTE F:
VERIFICAÇÃO DA PRESENÇA DE FOSFATO

Princípio

O íon fosfato reage em solução ácida com o íon molibdato, formando ácido fosfomolíbdico ($H_3PMo_{12}O_{40}$). Em presença de um agente redutor forte (cloreto de estanho (II) ou ácido ascórbico), o ácido fosfomolíbdico é reduzido a uma espécie que apresenta coloração azul intensa ("azul de molibdênio").

Reagentes específicos

- Ácido sulfúrico (H_2SO_4) diluído na proporção 1:10
- Solução recém-preparada de ácido ascórbico, 10 g/L
- Solução de molibdato de amônio, 0,25 mol/L, preparada da seguinte maneira: dissolvem-se 4,4 g de molibdato de amônio $(NH_4)_6Mo_7O_{24} \cdot 4H_2O$ numa mistura de 6 mL de amônia concentrada e 4 mL de água destilada; adicionam-se 12 g de nitrato de amônio e, após completa dissolução, dilui-se a solução para 100 mL com água destilada.
- Solução de di-hidrogenofosfato de sódio ($NaH_2PO_4 \cdot H_2O$), 10 g/L, ou hidrogenofosfato de sódio ($Na_2HPO_4 \cdot 7H_2O$), 20 g/L

Procedimento

- Escolha dois detergentes lava-roupa e dois detergentes lava-louça para investigar.

1. Coloque seis tubos de ensaio numerados de 1 a 6 numa estante. Os tubos 1 e 6 servem como referências. Nos tubos 2 a 5 serão testados os detergentes.
2. Coloque no tubo 1 aproximadamente 1 mL (cerca de vinte gotas) de água destilada.
3. Coloque nos tubos 2 a 5, separadamente, cinco gotas das soluções dos detergentes escolhidos e complete com água destilada a um volume aproximado de 1 mL.
4. Coloque, no tubo 6, cinco gotas da solução de fosfato de sódio e complete com água destilada a um volume aproximado de 1 mL.
5. Adicione aos tubos 1 a 6, sucessivamente, dez gotas da solução de ácido sulfúrico, três gotas da solução de molibdato de amônio e três gotas da solução de ácido ascórbico. Agite as misturas.
6. Após 5 minutos em repouso, observe e compare o aparecimento da coloração azul nos diversos tubos.

Observação: se no tubo 1 (água destilada) aparecer uma coloração azul, ou se, no tubo 6 (fosfato de sódio) não surgir a coloração azul intensa, consulte o professor.

Avaliação e discussão

1. Coloque os detergentes investigados em ordem crescente do teor de fosfato, considerando que a intensidade da cor azul é diretamente proporcional à concentração de fosfato na amostra.
2. O resultado corresponde às suas expectativas? Explique!
3. Qual é a função do fosfato nos detergentes?
4. Relacione o resultado com o do experimento E-II (floculação com cloreto de cálcio).

PARTE G:
PRESENÇA DE ALVEJANTES (somente em detergentes lava-roupa)

Material específico

- Solução de iodeto de potássio (KI), 16,6 g/L
- Dióxido de manganês (MnO_2)
- Ácido sulfúrico (H_2SO_4) diluído na proporção 1:10

Procedimento

1. Coloque 5 mL de soluções de dois ou três detergentes lava-roupa em tubos de ensaio.
2. Acidifique cada solução com dez gotas da solução de ácido sulfúrico e decante as soluções, se houver floculação.
3. Divida cada solução decantada em duas partes e realize os testes abaixo.
4. À primeira parte de cada solução, adicione algumas gotas da solução de iodeto de potássio e observe a mudança de cor da solução.
   Observação: alvejantes geralmente são oxidantes e oxidam o iodeto, em solução ácida, a iodo elementar, que é detectado pela sua cor característica.
5. À segunda parte de cada solução adicione uma pitada de dióxido de manganês e observe o desprendimento de oxigênio (borbulhamento).

Observação: em sua maioria, os alvejantes são peróxidos, que liberam oxigênio em contato com dióxido de manganês (decomposição catalítica).

PARTE H:
DEMONSTRAÇÃO DA AÇÃO DE UM ALVEJANTE (água sanitária)

Material específico

- Água sanitária
- Diversas amostras contendo corantes vegetais em solução, tais como vinho tinto, suco de uva, chá, café, extrato de beterraba, extrato de folhas verdes, molho de tomate etc.

Procedimento

1. Prepare cinco tubos de ensaio e adicione a cada um aproximadamente 5 mL de água e 1 mL (vinte gotas) de água sanitária.
2. Acrescente a cada tubo algumas gotas de um tipo de amostra e observe a ação do alvejante sobre o corante.

Discussão

1. Quais dos corantes estudados são mais resistentes à ação do alvejante?
2. Por que a água sanitária não elimina manchas de ferrugem ou de sangue?

BIBLIOGRAFIA

Morrison, R. T.; Boyd, R. N. *Química Orgânica*, 3. ed. Trad. M. Alves da Silva. Lisboa: Fundação Calouste Gulbenkian, 1973.

ROTEIRO 20

SÍNTESE ORGÂNICA

OBJETIVOS

- Realizar transformações químicas com vistas à síntese de compostos orgânicos.
- Sintetizar e isolar algumas substâncias orgânicas: ácido benzoico (preservativo de alimentos), acetanilida (medicamento antipirético e analgésico) e dibenzalacetona (protetor/filtro solar).

INTRODUÇÃO

Em Química, *sintetizar* significa preparar uma substância a partir de substâncias mais simples, por meio de uma ou mais reações químicas. Pode-se dizer que a síntese representa a parte mais criativa da química, pois ela é dedicada à criação de substâncias inéditas com propriedades desconhecidas e ao desenvolvimento ou aperfeiçoamento de processos convenientes para a obtenção de substâncias conhecidas em escala industrial.

A *síntese orgânica* dedica-se à síntese de moléculas orgânicas, ou seja, aquelas constituídas primordialmente por carbono, hidrogênio, oxigênio e nitrogênio. Os compostos orgânicos sintetizados podem ter as mais diversas aplicações, como medicamentos, aditivos a alimentos, agrotóxicos, corantes, tintas, detergentes, materiais com novas propriedades para serem empregados na indústria têxtil, de plásticos, resinas, fibras e de cosméticos.

ÁCIDO BENZOICO

Grande parte do progresso na indústria de alimentos deve-se ao desenvolvimento e utilização de aditivos químicos capazes de proporcionar aos alimentos um aspecto estético aceitável pelo consumidor, além de manter a sua qualidade nutricional e higiênica. Com esse propósito são sintetizadas e pesquisadas substâncias que atuam como preservativos, emulsificantes, espessantes, corantes, flavorizantes, acidulantes, antioxidantes, vitaminas e adoçantes.

O ácido benzoico (C₆H₅COOH) e seus sais (benzoato de sódio, por exemplo) são muito utilizados como preservativo de alimentos ácidos, como sucos de frutas, molhos de tomate e conservas.

O ácido benzoico e seus derivados são encontrados na natureza. Frutas, como morangos e framboesas, contêm quantidades razoáveis de ácido benzoico (±0,05%) e a "goma benzoína", uma resina balsâmica de origem vegetal, pode conter até 20%.

Um dos métodos industriais de síntese do ácido benzoico é a partir da hidrólise do benzotricloreto (ou cloreto de benzilidino), obtido pela cloração do tolueno:

$$\underset{\text{tolueno}}{C_6H_5CH_3} \xrightarrow{Cl_2} \underset{\text{benzotricloreto}}{C_6H_5CCl_3} \xrightarrow{H_2O} \underset{\text{ácido benzoico}}{C_6H_5COOH}$$

Outro método empregado na síntese industrial do ácido benzoico consiste na oxidação de alquilbenzenos com permanganato de potássio:

$$\underset{\text{etilbenzeno}}{C_6H_5CH_2CH_3} \xrightarrow{KMnO_4} \underset{\text{ácido benzoico}}{C_6H_5COOH}$$

Na indústria, geralmente, se opta por métodos de síntese que possam ser realizados com o menor custo possível, a partir de matérias-primas baratas, e também que possam ser efetuados em processos contínuos e automatizados. Em laboratório, esses critérios nem sempre determinam a escolha de um método sintético, sendo o fator preponderante, muitas vezes, o valor do tempo de trabalho e a disponibilidade dos reagentes.

Neste experimento, a síntese do ácido benzoico será realizada por um método alternativo, que utiliza benzaldeído como matéria-prima e peróxido de hidrogênio como oxidante. Essa síntese corresponde à transformação de um grupo funcional sem modificação do esqueleto hidrocarbônico, onde a função aldeído –CHO é oxidada fornecendo um ácido carboxílico –COOH:

$$\underset{\text{benzaldeído}}{C_6H_5CHO} \xrightarrow{H_2O_2} \underset{\text{ácido benzoico}}{C_6H_5COOH}$$

ACETANILIDA

Uma das grandes contribuições da química para a sociedade refere-se ao domínio das técnicas de isolamento, identificação e síntese de agentes terapêuticos. A maioria dos medicamentos é obtida a partir de métodos sintéticos, sendo a síntese de novas drogas uma das áreas mais investigadas por químicos do mundo inteiro.

A propriedade antipirética da *acetanilida*, também chamada de antifebrina, foi descoberta acidentalmente pelos médicos Cahn e Hepp, em 1886. Tanto a acetanilida como a fenacetina e o acetaminofen pertencem à classe das amidas, cujo grupo funcional característico é –CONH–. A estrutura química similar certamente está relacionada com as propriedades analgésicas e antipiréticas desses três medicamentos:

acetanilida   acetaminofen   fenacetina

O acetaminofen (ou paracetamol) é o ingrediente ativo de medicamentos conhecidos comercialmente como Tylenol ou Saridon e constitui uma alternativa terapêutica eficiente para pessoas alérgicas à aspirina (ácido acetilsalicílico).

No experimento "Cromatografia em camada delgada" foi sintetizado o acetaminofen. Neste experimento será realizada a síntese da acetanilida, pela acetilação da anilina com anidrido acético. Nesse caso, o grupo amino–NH_2 é transformado em uma amida–CONH–, gerando uma ligação N–C entre a anilina e o grupo acetila –$COCH_3$:

anilina   anidrido acético   acetanilida   ácido acético

DIBENZALACETONA

Entre os inúmeros produtos cosméticos oferecidos no mercado, encontram-se os protetores ou bloqueadores solares. A luz solar é composta por diferentes radiações eletromagnéticas, que recebem denominações específicas de acordo com as suas energias: infravermelho, luz visível, ultravioleta (UV), UV-A, UV-B e UV-C.

A exposição à radiação UV traz tanto riscos como benefícios aos seres humanos. A radiação UV é extremamente importante para a biossíntese de um grupo de substâncias coletivamente conhecidas como vitamina D, cuja principal função no organismo é promover a absorção de cálcio e fósforo.

Todavia, atribui-se principalmente à combinação de UV-A e UV-B os efeitos nocivos à pele advindos da exposição ao sol, como vermelhidão, queimaduras, envelhecimento precoce e indução de alguns tipos de tumores de pele. Dessa forma, cremes e loções contendo substâncias que absorvem ou refletem essas radiações, "bloqueando" o acesso da radiação UV diretamente à pele, vêm sendo utilizados por pessoas que se expõem ao sol frequentemente por longos períodos.

A dibenzalacetona, uma substância que absorve radiação UV, utilizada na preparação de protetores solares, pode ser sintetizada pela reação entre benzaldeído e acetona:

$$2\ \text{benzaldeído} + \text{acetona} \xrightarrow{OH^{\ominus}} \text{dibenzalacetona}$$

PARTE EXPERIMENTAL

Material	Reagentes
• Banho-maria • Erlenmeyer de 50 mL • Pinça de madeira • Papel-filtro • Três pipetas de Pasteur • Dois tubos de ensaio • Rolha de borracha para tubo de ensaio • Provetas de 10 e 25 mL • Pequeno funil de Büchner • Pequeno frasco de Kitazato • Trompa de água para filtração a vácuo • Eventualmente, equipamento para determinar pontos de fusão	• Benzaldeído • Solução de peróxido de hidrogênio (H_2O_2), diluição 1:2 • Solução de hidróxido de sódio (NaOH), 100 g/L • Ácido clorídrico concentrado • Anilina • Anidrido acético • Acetona • Etanol

Descarte de resíduos

- Os produtos sintetizados podem ser guardados separadamente para demonstração.
- Os filtrados podem ser despejados na pia.
- Como os produtos obtidos são praticamente insolúveis em água, a vidraria contendo resíduos sólidos pode ser lavada com álcool comercial.

PARTE A:
SÍNTESE DO ÁCIDO BENZOICO [duração: 30-40 min]

Procedimento

1. Em um Erlenmeyer de 50 mL, coloque 6 mL da solução de H_2O_2 e, em seguida, adicione 0,5 mL (±dez gotas) de benzaldeído.
2. Acrescente 12 mL da solução de NaOH.
3. Aqueça a mistura reagente em um banho-maria em ebulição por 10 minutos, com agitação eventual.
4. Retire o frasco do aquecimento e adicione à mistura ainda quente, cuidadosamente, 5 mL de ácido clorídrico concentrado.
5. Deixe o frasco em repouso por 10 minutos e, assim que observar a formação de pequenos cristais, acelere o resfriamento colocando o frasco em um banho de gelo.
6. Separe os cristais por filtração a vácuo, lavando-os sobre o filtro com três pequenas porções de água gelada. Deixe os cristais secando no funil ainda conectado à trompa de vácuo por alguns minutos.
7. Seque o produto obtido entre folhas de papel-filtro.
8. Se tiver equipamento disponível, determine o ponto de fusão do produto e compare o valor obtido com o valor de referência para ácido benzoico (122 °C).
9. Compare as propriedades físicas do produto com as do material de partida (benzaldeído).
10. Verifique a solubilidade de pequenas porções do ácido benzóico em etanol, acetona e solução diluída de hidróxido de sódio. Comente suas observações.
11. Aqueça cuidadosamente uma pequena porção do ácido benzoico, em um tubo de ensaio seco, sobre um bico de Bunsen. Comente os fenômenos observados.

Discussão

1. Apresente as equações químicas completas para o processo realizado (duas etapas).
2. Sabendo que o benzoato de sódio é muito mais solúvel em água que o ácido benzoico, sugira exemplos de alimentos que poderiam utilizar um ou outro preservativo.

PARTE B:
SÍNTESE DA ACETANILIDA [duração: 30-40 min]

> Atenção: anilina e anidrido acético são substâncias nocivas se ingeridas, inaladas ou absorvidas pela pele. Evite a exposição direta trabalhando, preferencialmente, em uma capela.

Procedimento

1. Em um tubo de ensaio seco coloque 0,5 mL (± dez gotas) de anilina e acrescente, gota a gota, 2 mL de anidrido acético.
2. Aqueça a mistura reagente em um banho-maria em ebulição por 10 minutos, com agitação eventual.
3. Resfrie a mistura reagente sob o jato de água da torneira e acrescente ~10 mL de água. Feche o tubo de ensaio com uma rolha de borracha e agite a mistura vigorosamente por cerca de 1 minuto.
4. Separe os cristais por filtração a vácuo, lavando-os sobre o filtro com três porções de água gelada. Deixe os cristais secando no funil ainda conectado à trompa de vácuo por alguns minutos.
5. Seque o produto obtido entre folhas de papel-filtro.
6. Se tiver equipamento disponível, determine o ponto de fusão do produto e compare o valor obtido com o valor de referência para acetanilida (114 °C).
7. Compare as propriedades físicas do produto obtido com as dos materiais de partida (anilina e anidrido acético).
8. Verifique a solubilidade de pequenas porções do produto obtido em etanol e em acetona. Comente suas observações.

Discussão

1. O ingrediente ativo de um medicamento só deve ser comercializado se estiver dentro dos limites de pureza estabelecidos pela legislação. Pesquise alguns procedimentos adequados para verificar a pureza do produto obtido em uma reação.
2. A recristalização é um método de purificação de substâncias sólidas muito empregado em laboratórios de química. Em que consiste esse processo?

PARTE C:
SÍNTESE DA DIBENZALACETONA [duração: 30-40 min]

Procedimento

1. Em um Erlenmeyer de 50 mL coloque 2,5 mL da solução de NaOH e, em seguida, adicione 2,5 mL de etanol.
2. Acrescente 1 mL (± vinte gotas) de benzaldeído e agite a mistura.
3. Adicione 0,4 mL (± oito gotas) de acetona, gota a gota, aguardando um intervalo de ± 30 s após a adição de cada gota com agitação contínua. Certifique-se de que cada gota caiu sobre a mistura reagente e não escorreu pelas paredes internas do frasco. Caso isso ocorra, lave as paredes com algumas gotinhas de etanol.
4. Mantenha a mistura reagente à temperatura ambiente por 10-15 minutos, com agitação frequente.
5. Separe os cristais formados por filtração a vácuo, lavando o produto com três porções de água. Deixe os cristais secando no funil ainda conectado à trompa de vácuo por alguns minutos.
6. Seque o produto obtido entre folhas de papel-filtro.
7. Se tiver equipamento disponível, determine o ponto de fusão do produto obtido e compare o valor obtido com o valor de referência para dibenzalacetona (113 °C).
8. Compare as propriedades físicas do produto com as dos materiais de partida (benzaldeído e acetona).
9. Verifique a solubilidade de pequenas porções do produto obtido em etanol e em acetona. Comente suas observações.

Discussão

1. Desenhe a estrutura molecular da benzalacetona.
2. Compostos contendo duplas ligações geralmente absorvem radiação no comprimento de onda do ultravioleta. Assinale na molécula da dibenzalacetona todas as suas duplas ligações C=C e C=O.

BIBLIOGRAFIA

1. Sorum, C. H. *Laboratory Manual of General Chemistry*, 3. ed., New Jersey: Prentice-Hall, Inc., 1963.
2. Dannley, R. L.; Crum, J. D. *Experimental Organic Chemistry*. New York: The Macmillan Company, 1968.
3. Pavia, D. L.; Lampman, G. M.; Kriz, G. S., Engel; R. G. *Introduction to Organic Laboratory Techniques – a Microscale Approach*. Saunders College Publishing, 1976.
4. Conrad, D. *Org. Synthesis* 12, 1939.
5. *The Merck Index – an Encyclopedia of Chemicals, Drugs, and Biologicals*, 10. ed. Windholz, M., Eds. Rahway, N. J.: Merck and Co. Inc., 1983.

ROTEIRO 21

AROMAS E FRAGRÂNCIAS

OBJETIVO

- Sintetizar alguns ésteres simples com odores característicos.

INTRODUÇÃO

SOBRE AROMA E FRAGRÂNCIA

Aroma é o resultado da percepção de uma combinação de sabor e odor, transmitida por receptores na mucosa da boca (receptores gustativos) e do nariz (receptores olfativos) aos centros sensoriais do cérebro.

O sabor característico de certos alimentos, como frutas e hortaliças, está relacionado, em parte, ao odor produzido pela mistura de numerosos compostos, com diferenciadas volatilidades, em uma proporção tal que desencadeia a sensação olfativa e gustativa própria do alimento.

A aceitação de um alimento — desconhecido ou não — pelo consumidor depende não apenas da sua aparência, cor e textura, mas principalmente do seu aroma. Por exemplo, o emprego milenar de temperos e condimentos na culinária tem como principal função realçar ou inserir odor e sabor, e não agregar valor nutricional.

Enquanto *aroma* é um termo usado para denotar o odor e o sabor de um alimento, *fragrância* refere-se a substâncias odoríferas voláteis utilizadas em perfumes e cosméticos em geral. Tanto aromas como fragrâncias são mensageiros químicos, sendo que o uso de fragrâncias em perfumaria tem como finalidade provocar uma sensação agradável ou uma perturbação no estado emocional do indivíduo, que geralmente é preservada na mente de modo associativo.

Na produção de aromas, procura-se um efeito o mais próximo possível daquele produzido por um produto natural; já para se criar um perfume, a imaginação e a sensibilidade do perfumista são fundamentais para obtenção de uma fragrância emocionante.

SOBRE ÉSTERES

Ésteres orgânicos são compostos que possuem a fórmula geral:

$$\underset{R\qquad OR'}{\overset{O}{\underset{\|}{C}}}$$

onde R e R' representam grupos alquilas ou arilas.

Os ésteres orgânicos podem ser preparados pela reação entre um ácido carboxílico (RCOOH ou ArCOOH) e um álcool (ROH) ou fenol (ArOH). O método, que consiste no aquecimento do ácido carboxílico e do álcool ou fenol com uma pequena quantidade de um ácido mineral como catalisador, é conhecido como *esterificação de Fischer*, em homenagem a Emil Fischer, químico alemão que desenvolveu o método no final do século XIX:

$$\underset{R\quad OH}{\overset{O}{\underset{\|}{C}}} + R'OH \overset{H^+}{\rightleftharpoons} \underset{R\quad OR'}{\overset{O}{\underset{\|}{C}}} + H_2O$$

Todas as etapas do mecanismo da reação de esterificação de Fischer são reversíveis, podendo a posição do equilíbrio ser deslocada para ambos os lados, dependendo das condições experimentais. Assim, é possível obter ésteres com altos rendimentos deslocando-se o equilíbrio para direita, por exemplo, empregando-se um excesso de um dos reagentes. A escolha do reagente que será empregado em excesso depende, entre outros fatores, de seu custo ou, eventualmente, de sua fácil disponibilidade. Alternativamente, o éster e/ou a água podem ser removidos do meio reagente tão logo sejam formados, o que, de acordo com o Princípio de Le Chatelier, também causaria um deslocamento do equilíbrio para direita.

ÉSTERES: AROMAS E FRAGRÂNCIAS

Na natureza encontramos diversos exemplos de ésteres orgânicos, muitos deles responsáveis pelo aroma de várias flores e frutas. Apesar de as propriedades organolépticas de certas flores e frutas poderem ser atribuídas a um simples éster orgânico, na maioria das vezes o sabor e o odor se devem a uma mistura complexa, podendo, entretanto, haver predominância de um certo composto. Por isso, um único composto raramente é utilizado em agentes imitadores de aroma de alta qualidade.

Da mesma forma, a fragrância de um bom perfume consiste, em geral, numa mistura complexa de substâncias orgânicas com volatilidades diferentes.

Eis alguns exemplos de ésteres responsáveis por certos aromas conhecidos:

acetato de isoamila
(banana)

butanoato de etila
(abacaxi)

acetato de octila
(laranja)

salicilato de metila
(odor herbal)

benzoato de metila
(jasmim)

propanoato de isobutila
(rum)

Muitos ésteres possuem um aroma agradável, porém não costumam ser utilizados como fragrâncias em perfumes de alta qualidade, por serem suscetíveis à hidrólise ao contato com a pele, fornecendo ácidos carboxílicos que, geralmente, apresentam odor desagradável.

OUTRAS CLASSES DE COMPOSTOS COM CARACTERÍSTICAS DE AROMAS E FRAGRÂNCIAS

O odor agradável não é uma característica exclusiva dos ésteres: álcoois, aldeídos e cetonas, por exemplo, são componentes de muitos óleos essenciais extraídos de fontes naturais como flores, folhas, raízes e, inclusive, de animais.

geraniol
(óleo de rosas)

cis-jasmona
(óleo de jasmim)

benzaldeído
(amêndoa)

citronelol
(limão)

muscona
(óleo de veado almiscareiro)

vanilina
(baunilha)

LEITURA RECOMENDADA

Química Geral ou Química Orgânica: ésteres; reações de esterificação.

PARTE EXPERIMENTAL [duração: 20-30 min/síntese]

Material	Reagentes
• Tubos de ensaio • Estante para tubos de ensaio • Pinça de madeira • Provetas de 5 mL • Bastões de vidro • Espátula • Pipetas de Pasteur	• Etanol • Metanol • Álcool isoamílico • Ácido butanoico ou butírico • Ácido fenilacético • Ácido antranílico • Ácido salicílico • Ácido sulfúrico concentrado • Bicarbonato de sódio

Procedimento

1. Verifique o odor dos reagentes empregados em cada síntese.
2. Misture os componentes (um ácido carboxílico e um álcool) em um tubo de ensaio na proporção indicada para cada síntese.
3. Adicione cinco gotas de ácido sulfúrico concentrado.

Cuidado, o ácido sulfúrico é uma substância muito agressiva.

4. Aqueça o tubo em um banho-maria (80-90 °C) durante 5 minutos.
5. Após resfriar o tubo à temperatura ambiente, adicione dez gotas de água.
6. Acrescente pequenas porções de bicarbonato de sódio, até cessar o desprendimento de gás.
7. Verifique o odor do produto com o auxílio de um bastão de vidro.
8. Tente caracterizar o odor do produto pela eventual semelhança com um odor conhecido.

OPÇÃO A: SALICILATO DE METILA
0,5 g de ácido salicílico e 1,5 mL de metanol.

OPÇÃO B: FENILACETATO DE ETILA
0,5 g de ácido fenilacético e 1,5 mL de etanol.

Opção C: SALICILATO DE ISOAMILA
0,6 g de ácido salicílico e 0,5 mL de álcool isoamílico.

Opção D: ANTRANILATO DE METILA
0,5 g de ácido antranílico e 2 mL de metanol.

Opção E: BUTANOATO DE ETILA
cinco gotas de ácido butanoico e 1 mL de etanol.

> Atenção: por causa de seu odor forte e desagradável, o ácido butanoico deve ser manuseado dentro de uma capela. Evite derramamento!

Descarte de resíduos

- Após a conclusão dos experimentos, os produtos contidos nos tubos de ensaio podem ser dissolvidos em álcool comercial e despejados na pia.

Discussão

1. Escreva as equações químicas completas correspondentes às esterificações realizadas, apresentando as fórmulas estruturais de reagentes e produtos.
2. Qual é a função do ácido sulfúrico na síntese dos ésteres?
3. Por que foi adicionado bicarbonato ao final da reação?
4. Quais são os produtos da hidrólise de um éster? Escreva a equação química correspondente a essa reação e cite alguns fatores que podem favorecer a hidrólise.
5. Sugira eventuais aplicações para os produtos obtidos.

BIBLIOGRAFIA

1. Pavia, D. L.; Lampman, G. M.; Kriz, G. S. *Introduction to Organic Laboratory Techniques – A Contemporary Approach*, 3. ed., 1988.
2. Bauer, K.; Garbe, D.; Surburg, H. *Common Fragrance and Flavor Materials – Preparation, Properties and Uses*, 2. ed. Weinheim: VCH, 1985.
3. Bobbio, P. A.; Bobbio, F. O. *Química do Processamento de Alimentos*, 2. ed. São Paulo: Livraria Varela, 1995.
4. Roesky, H. W.; Möckel, K. *Chemical Curiosities*. Weinheim: VCH, 1996.

ROTEIRO 22

SÍNTESE DE POLÍMEROS:
POLIÉSTER (GLIPTAL) E POLIAMIDA (NÁILON 6,6)

OBJETIVO

- Demonstrar a obtenção de polímeros por reações de policondensação térmica.

INTRODUÇÃO

[Veja também o Roteiro 17 "Identificação de polímeros sintéticos".]

O termo *polímero* tem como origem as palavras gregas *poli* (muitas) e *merés* (partes). Em princípio, um polímero é uma molécula de cadeia longa composta por um grande número de unidades, de estrutura idêntica ou não, que se repetem. Por exemplo, no cloreto de polivinila (PVC):

$$-\underset{\underset{Cl}{|}}{CH}-CH_2-\underset{\underset{Cl}{|}}{CH}-CH_2-\underset{\underset{Cl}{|}}{CH}-CH_2-\underset{\underset{Cl}{|}}{CH}-CH_2-$$

a unidade mínima, característica do polímero é:

$$-\underset{\underset{Cl}{|}}{CH}-CH_2-$$

Certos polímeros, como as proteínas e a celulose, são encontrados na natureza; muitos outros, entretanto, como o polipropileno, polietileno, náilon, teflon etc., só são produzidos por métodos sintéticos. Em alguns casos, polímeros naturais como a borracha podem também ser produzidos sinteticamente (poli-isopreno).

Materiais poliméricos fazem parte do nosso dia a dia. A indústria química vem produzindo uma variedade de polímeros com propriedades bastante diversificadas e apresentando inúmeras aplicações técnicas e domésticas. Conforme suas propriedades físicas, esses polímeros sintéticos podem ser classificados como descrito na página 132, em plásticos, elastômeros, resinas, polímeros termorrígidos e fibras sintéticas.

A matéria-prima para produzir um polímero é denominada *monômero*, e a reação em que monômeros são convertidos em um polímero chama-se *polimerização*. Por exemplo, a polimerização do eteno ou etileno que produz o polietileno:

$$n\ CH_2=CH_2 \longrightarrow (-CH_2-CH_2-)_n$$

O número de unidades que se repetem é indicado pelo índice n. Este representa o grau de polimerização e reflete a massa molar média do polímero. Se a massa molar da unidade que se repete no polietileno é 28, um valor de n que varie em torno de 1.000 representa uma massa molar média igual a 28.000. Moléculas com massas molares superiores a 1.000 são consideradas macromoléculas. Portanto, um polímero é um material constituído por macromoléculas com massa molar média superior a 1.000.

Os processos para obtenção de polímeros a partir de moléculas pequenas podem ser divididos em dois grupos: *polimerização em cadeia* (ou *por adição*) e *polimerização em etapas*.

Na polimerização em cadeia, a unidade monomérica deve apresentar pelo menos uma insaturação (geralmente uma ligação dupla C=C). Por exemplo:

cloreto de vinila   cloreto de polivinila

Na polimerização em etapas, os polímeros são obtidos pela reação de duas moléculas diferentes, cada uma com dois grupos funcionais iguais nas pontas, que podem reagir entre si (Equação 22-1), ou pela reação de moléculas iguais que possuem grupos funcionais diferentes em cada ponta, e que reagem entre si (Equação 22-2). Na maioria dos casos de polimerização em etapas, as unidades monoméricas bifuncionais combinam-se, com eliminação de uma pequena molécula, geralmente água (policondensação):

ácido adípico   etilenoglicol

poliéster $+\ 2n\ H_2O$ (22-1)

Síntese de polímeros: poliéster (gliptal) e poliamida (náilon 6,6)

$$n\ HO-CH_2-CH_2-CH_2-CH_2-CH_2-\underset{O}{\underset{\|}{C}}-OH \longrightarrow \left(O-CH_2-CH_2-CH_2-CH_2-CH_2-\underset{O}{\underset{\|}{C}} \right)_n \quad (22\text{-}2)$$

ácido 6-hidroxicaproico → poliéster

LEITURA RECOMENDADA

Química geral: polímeros sintéticos, macromoléculas, plásticos, resinas e fibras sintéticas.

PARTE EXPERIMENTAL

PARTE A:

SÍNTESE DE UM POLIÉSTER (GLIPTAL) A PARTIR DE ANIDRIDO FTÁLICO E GLICEROL [duração: 90 min]

Material e reagentes

- Lata de alumínio (de refrigerante)
- Fita adesiva e barbante
- Lápis (grafite macio)
- Bico de Bunsen
- Tubo de ensaio (±18 mm × 180 mm), a ser descartado após o uso
- Estante para tubos de ensaio
- Pinça de madeira para tubos de ensaio
- Pinça metálica
- Proveta de 10 mL
- Bastão de vidro
- Anidrido ftálico
- Glicerol ou glicerina
- Acetato de sódio

Procedimento

Parte A-I Preparação do molde

- Confeccione um molde retangular nas dimensões de uma caixinha de fósforos (3 cm × 4 cm, com bordas de 1 cm), conforme as instruções a seguir.

    1. Recorte da lata de alumínio um retângulo plano de aproximadamente 5 cm × 6 cm.
    2. Risque toda a superfície interna com grafite, para facilitar a retirada do polímero.
    3. Corte o retângulo conforme figura a seguir:

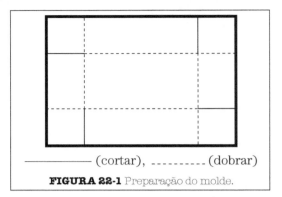

——— (cortar), ----- (dobrar)

FIGURA 22-1 Preparação do molde.

4. Dobre as laterais nas linhas indicadas na figura, fazendo uma pequena caixa.
5. Fixe as laterais da caixa com uma fita adesiva, sem deixar espaços nos cantos e, em seguida, amarre-as com um barbante, dando duas voltas.
6. Posicione o molde o mais próximo do local onde o polímero será preparado.

Parte A-II Preparação do polímero

1. Misture num tubo de ensaio seco 5,0 g de anidrido ftálico e 0,5 g de acetato de sódio.
2. Acrescente 2 mL de glicerina.
3. Aqueça a mistura cuidadosamente e com agitação, mantendo o tubo inclinado sobre um bico de Bunsen, até a completa dissolução dos reagentes sólidos. Mas atenção: não deixe o tubo constantemente sobre a chama; a dissolução tem de ser lenta!
4. Após a dissolução total dos reagentes, continue aquecendo o tubo cuidadosamente até observar a formação de vapor d'água.
5. Assim que a solução começar a eliminar vapor d'água, retire o tubo da chama, espere parar a ebulição e retorne o tubo à chama.
6. Repita esse procedimento até que a solução adquira uma coloração marrom-clara e apresente uma elevada viscosidade. CUIDADO: o superaquecimento leva à decomposição do produto!
7. Tão logo a mistura reagente adquira as características acima, transfira-a *rapidamente*, porém com cuidado, para o molde.
8. Observe como essa resina pode ser estirada em fios, puxando um pouco do resíduo ainda quente do tubo de ensaio, com um bastão de vidro, por exemplo.
9. Deixe o polímero esfriar lentamente.
10. Retire cuidadosamente a resina solidificada do molde, cortando o barbante e a fita adesiva com uma tesoura.
11. Para um melhor acabamento da peça, prenda o bloco da resina com uma pinça metálica e aqueça-o diretamente na chama do bico de Bunsen, fazendo movimentos rápidos sobre o fogo.
12. Espere a resina esfriar por uns 30 segundos, mude o bloco de posição na pinça e aqueça novamente (tente aquecer levemente todos os lados).
13. O bloco de poliéster pode ser guardado como lembrança.

Descarte de resíduos

- O poliéster é muito difícil de ser removido dos tubos de ensaio. Portanto, os tubos contendo o polímero podem ser descartados.

Discussão

1. Descreva as características físicas do produto obtido.
2. Desenhe a estrutura molecular do poliéster obtido, supondo que somente dois grupos hidroxila do glicerol participam na reação.

3. Apresente a equação química completa correspondente à policondensação realizada.
4. Qual é a unidade mínima do polímero obtido?
5. Sugira eventuais aplicações do material obtido.
6. Desenhe a estrutura do produto de policondensação do ácido glicólico HOCH$_2$COOH.

PARTE B:
SÍNTESE DE UMA POLIAMIDA (NÁILON 6,6) A PARTIR DE ÁCIDO ADíPICO E HEXAMETILENODIAMINA

Materiais e reagentes	
• Béquer de 250 mL • Béquer de 100 mL • Bico de Bunsen • Tubos de ensaio • Estante para tubos de ensaio	• Pinça para tubos de ensaio • Ácido adípico (12 g) • Hexametilenodiamina (10 g) • Etanol (130 mL)

Procedimento

Parte B-I Preparação do adipato de hexametilenodiamônio (o chamado "sal AH") [H$_3$N(CH$_2$)$_6$NH$_3$]$^{2+}$[OOC(CH$_2$)$_4$COO]$^{2-}$
Observação: o sal AH deve ser preparado com antecipação.

1. Dissolvem-se 12 g de ácido adípico em 100 mL de etanol.
2. Dissolvem-se 10 g de hexametilenodiamina (HMD) em uma mistura de 30 mL de etanol com 10 mL de água.

3. Adiciona-se a solução de HMD, lentamente e sob agitação, à solução de ácido adípico. Cuidado, essa é uma reação exotérmica.
4. Esfria-se a mistura à temperatura ambiente.
5. Separam-se os cristais formados por filtração e lavam-se esses cristais sobre o filtro com um pouco de etanol.
6. Seca-se o produto obtido ao ar e confere-se o ponto de fusão (183 °C).

Descarte de resíduos

- O filtrado da preparação do sal AH, após diluição com água, pode ser despejado na pia.

Parte B-II Obtenção da poliamida náilon.6,6 $[HN(CH_2)_6NHCO(CH_2)_4CO]_n$ por policondensação do sal AH
[duração: 30 min]

1. Aqueça aproximadamente 0,5 a 1 g do sal AH num tubo de ensaio seco sobre um bico de Bunsen até a fusão completa.
2. Mantenha a mistura fundida sobre o bico de Bunsen até que termine a evolução de vapor d'água (cerca de 10 minutos). Mas cuidado: o superaquecimento leva à decomposição do produto!
3. Deixe o produto esfriar à temperatura ambiente e retire o material mecanicamente do tubo.
4. Verifique as propriedades físicas da poliamida obtida em comparação à matéria-prima (por exemplo, aspecto físico ou solubilidade em água).
5. O "botão" de poliamida obtido pode ser guardado como lembrança.

Discussão

1. Descreva as características físicas do produto obtido.
2. Apresente a equação química completa correspondente à policondensação realizada.
3. Desenhe a estrutura molecular do polímero obtido.
4. Qual é a unidade mínima desse polímero?
5. Sugira eventuais aplicações do material obtido.
6. Desenhe a estrutura molecular do produto de policondensação do ácido 6-aminocaproico $H_2N(CH_2)_5COOH$.

BIBLIOGRAFIA

Summerlin, L. R.; Ealy, J. L. *Chemical Demonstrations — A Sourcebook for Teachers*, V. 1, 2. ed. Washington DC: American Chemical Society, 1988.

ROTEIRO 23

SÍNTESE DE CORANTES E TINGIMENTO DE TECIDOS

OBJETIVO

- Conhecer a síntese de alguns corantes e o processo de tingimento de tecidos têxteis.

INTRODUÇÃO

HISTÓRICO

Corantes são substâncias fortemente coloridas que, ao contrário dos pigmentos (veja o Roteiro 25 "Pigmentos inorgânicos"), geralmente se solubilizam na maioria dos solventes. Os corantes são usados para conferir cores aos mais diversos objetos e produtos industriais, porém sua aplicação mais importante sempre foi o tingimento de fibras e tecidos têxteis. Alguns corantes empregados com essa finalidade, como o índigo (corante azul de origem vegetal), a alizarina (corante vermelho de origem vegetal) ou a púrpura (extraída de caramujos marinhos), são conhecidos há mais de 3.000 anos.

Na Europa, a indústria de tinturaria surgiu no século XVI, empregando corantes naturais importados do Oriente e das Américas. Naquela época, o pau-brasil era o principal produto vindo do Brasil, pois dele se podia obter um corante vermelho. Até meados do século XIX, os corantes usados eram obtidos exclusivamente da natureza. Em 1856, o químico inglês William Perkin preparou pela primeira vez num laboratório um corante a partir da anilina, dando início à era dos corantes sintéticos. Em resposta à crescente demanda da indústria têxtil, em 1868 foi desenvolvido um processo para a síntese de alizarina, em 1880, para o índigo e, até a virada daquele século, já estava estabelecida uma potente indústria de corantes sintéticos.

Os corantes sintéticos abrangem uma ampla escala de cores e superam os corantes naturais em brilho e poder de tingimento. Por essa razão, os novos corantes sintéticos têm substituído os corantes clássicos quase que totalmente no mercado, com algumas poucas exceções, como é o caso do índigo usado no tingimento dos *blue jeans*. Atualmente, a indústria de corantes oferece milhares de produtos no mercado com as mais diversas aplicações, movimentando no mundo bilhões de dólares por ano.

SOBRE A ORIGEM DAS CORES

As cores dos materiais estão relacionadas à absorção da luz. Quando uma substância absorve uma determinada fração da luz visível, ela aparece colorida. Por exemplo, um corpo que absorve a fração azul da luz visível apresenta uma cor amarela e vice-versa; quando absorve a fração vermelha, apresenta uma cor verde e vice-versa (relação das chamadas *cores complementares*). Por sua vez, a absorção da luz está vinculada à estrutura eletrônica dos átomos e das moléculas.

Uma das características na estrutura molecular de substâncias orgânicas coloridas é a existência de uma sequência de ligações duplas alternadas (também denominadas *conjugadas*). Nos dois exemplos de moléculas semelhantes que seguem, verifica-se que as formas coloridas (à esquerda) apresentam um sistema de ligações duplas ($C=C$, $N=N$ ou $C=N$) perfeitamente alternadas; e, nas formas incolores, (à direita) esse sistema encontra-se interrompido por ligações simples.

QUÍMICA DE CORANTES

Entre as diversas classes químicas de corantes sintéticos, consideramos aqui apenas os *azo-corantes* e os derivados de *trifenilmetano*, dos quais alguns serão sintetizados nos experimentos deste roteiro.

Azo-corantes: são obtidos a partir de uma amina aromática como, por exemplo, anilina ou naftilamina, e um componente fenólico como, por exemplo, fenol ou naftol. A primeira etapa da síntese corresponde à reação da anilina com nitrito em meio ácido, resultando na formação do sal de diazônio (processo de diazotação). Na segunda etapa, o sal de diazônio reage com o fenol, obtendo-se o azo-corante (processo de acoplamento).

Esquema 1: síntese de um azo-corante

a) Diazotação

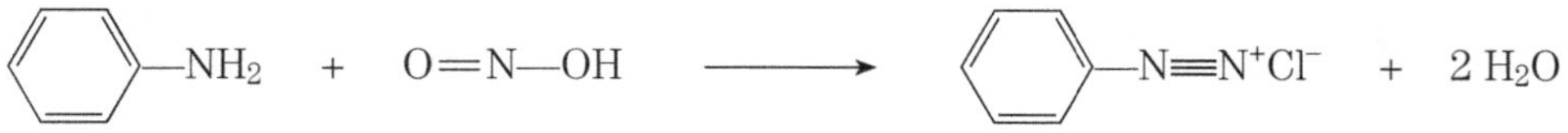

C₆H₅—NH₂ + O=N—OH ⟶ C₆H₅—N≡N⁺Cl⁻ + 2 H₂O

anilina   ácido nitroso   sal de diazônio

b) Acoplamento

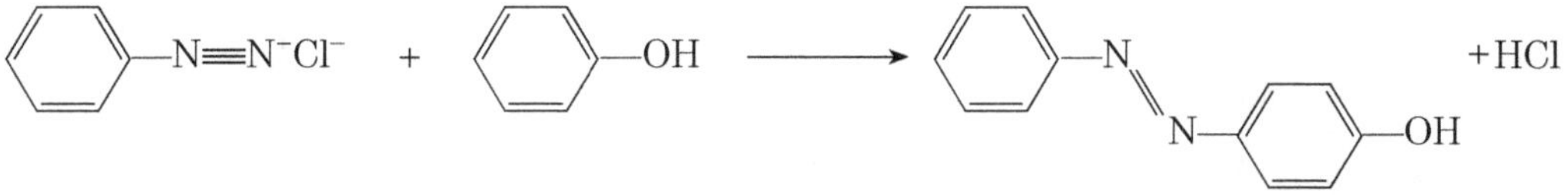

C₆H₅—N≡N⁻Cl⁻ + C₆H₅—OH ⟶ C₆H₅—N=N—C₆H₄—OH + HCl

sal de diazônio   fenol   azo-corante

Corantes do tipo trifenilmetano: Corantes derivados do trifenilmetano podem ser obtidos por reações de condensação térmica, em presença de catalisadores.

Esquema 2: síntese de diversos corantes derivados do trifenilmetano

a) Fenolftaleína

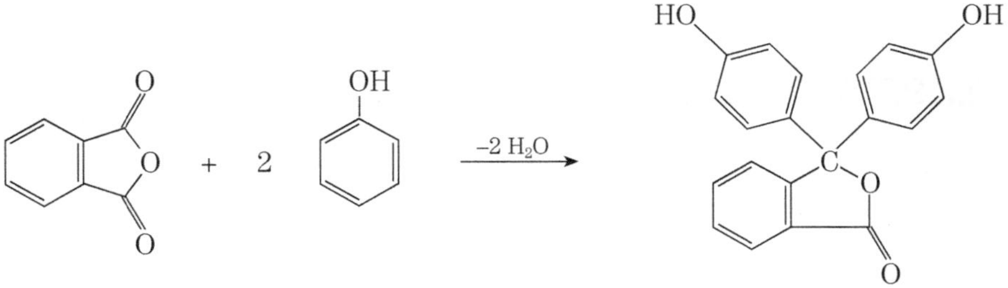

anidrido ftálico + 2 fenol $\xrightarrow{-2\,H_2O}$ fenolftaleína

b) Aurina

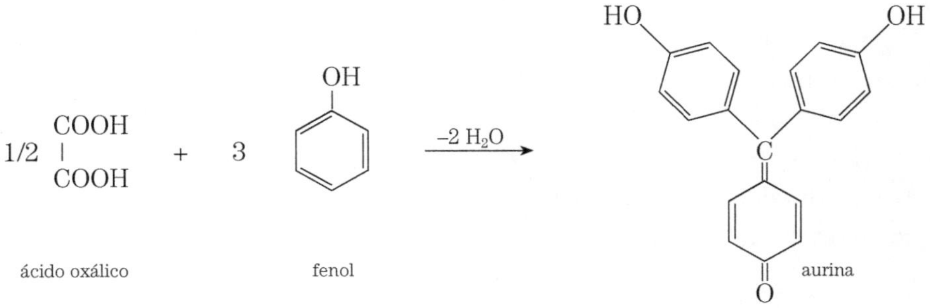

1/2 (COOH)₂ + 3 fenol $\xrightarrow{-2\,H_2O}$ aurina

ácido oxálico   fenol

c) Fluoresceína

anidrido ftálico + 2 resorcinol —2 H$_2$O→ fluoresceína

TINGIMENTO

Um corante deve apresentar certa afinidade com a substância a ser colorida, isto é, deve penetrar ou aderir de forma permanente ao respectivo material. A capacidade de um corante para tingir uma determinada fibra depende da natureza química dos dois. Um corante que é bom para lã pode não tingir o algodão, por exemplo. No tingimento de têxteis deve haver uma interação específica entre o corante e a fibra, levando a uma fixação do corante que resista a severas e repetidas condições de lavagem, luz, oxigênio do ar, suor, atrito e ferro quente.

LEITURA RECOMENDADA

Corantes, tecidos, tingimento e indústria têxtil.

PARTE EXPERIMENTAL

PARTE A:
SÍNTESE DE CORANTES

Parte A-I: Síntese de azo-corantes

No seguinte grupo de experimentos serão sintetizados diversos azo-corantes pela diazotação de diferentes aminas aromáticas, seguida de acoplamento com diversos fenóis.

Material e reagentes

- Seis tubos de ensaio
- Estante para tubos de ensaio
- Gelo
- Ácido clorídrico concentrado (HCl)
- Solução de hidróxido de sódio (NaOH), 100 g/L
- Solução de nitrito de sódio (NaNO$_2$), 10 g/L
- Etanol
- Soluções de anilinas, 2 g/L (dissolver 0,2 g da anilina numa mistura de 50 mL de água, 50 mL de álcool etílico e 1 mL de ácido clorídrico concentrado); anilinas adequadas:

a) anilina ($C_6H_5NH_2$) b); 4-nitroanilina ($O_2NC_6H_4NH_2$); c) ácido sulfanílico ($HO_3SC_6H_4NH_2$)
- Soluções alcoólicas de fenóis 2 g/L (dissolver 0,2 g do fenol em 100 mL de álcool etílico); fenóis adequados: a) fenol (C_6H_5OH); b) 1-naftol ($C_{10}H_7OH$); c) 2-naftol ($C_{10}H_7OH$)

Procedimento

Atenção: evite o contato das soluções com a pele.

1. Coloque dez gotas da solução de uma das anilinas indicadas em um tubo de ensaio.
2. Adicione duas gotas de ácido clorídrico concentrado e esfrie a mistura em um banho de gelo.
3. Mantendo a mistura em banho de gelo, adicione, sob agitação, cinco gotas da solução de nitrito de sódio.
4. Guarde a solução que contém o sal de diazônio em banho de gelo.
5. Prepare em um tubo de ensaio uma mistura de dez gotas da solução de um dos fenóis indicados com vinte gotas da solução de hidróxido de sódio.
6. Adicione a essa mistura a solução do sal diazônio e observe a cor do produto. Se a solução resultante não ficar colorida, adicione, sob agitação, mais algumas gotas de hidróxido de sódio.
7. Guarde o produto e repita o procedimento com outras combinações anilina/fenol indicadas pelo professor.

Descarte de resíduos do experimento A-I
- Após diluição com bastante água, as soluções podem ser despejadas na pia.

Discussão
1. Compare e relate as cores dos diversos corantes obtidos.
2. Apresente as fórmulas estruturais dos corantes obtidos.

Parte A-II Síntese de corantes do tipo trifenilmetano

Nos experimentos seguintes, descrevemos a síntese simplificada de três corantes derivados do trifenilmetano por reações de condensação térmica, utilizando ácido sulfúrico como catalisador.

Material e reagentes

- Seis tubos de ensaio secos
- Estante para tubos de ensaio
- Pipetas de Pasteur
- Bico de Bunsen
- Ácido sulfúrico concentrado (H_2SO_4)
- Solução de hidróxido de sódio (NaOH), 20 g/L
- Etanol
- Fenol
- Anidrido ftálico
- Resorcinol
- Ácido oxálico

Procedimento

Opção 1 Síntese de fenolftaleína

1. Coloque cerca de 50 mg de anidrido ftálico, 50 mg de fenol e três gotas de ácido sulfúrico concentrado em um tubo de ensaio seco.
2. Aqueça a mistura cuidadosamente e de forma intermitente com um bico de Bunsen, até que a massa fundida apresente uma coloração vermelho escura (cerca de 5 minutos).
3. Apague a chama do bico de Bunsen, deixe esfriar o tubo, adicione 2 mL de etanol e agite para dissolver o produto.
4. Transfira algumas gotas da solução obtida para um tubo de ensaio contendo 2 mL da solução de NaOH e observe a coloração característica da fenolftaleína.

Observação: a fenolftaleína é utilizada como indicador de pH, pois sua forma ácida é incolor, enquanto sua forma básica, com um sistema maior de ligações duplas conjugadas, é fortemente colorida.

Esquema 3: Reação ácido-base da fenolftaleína

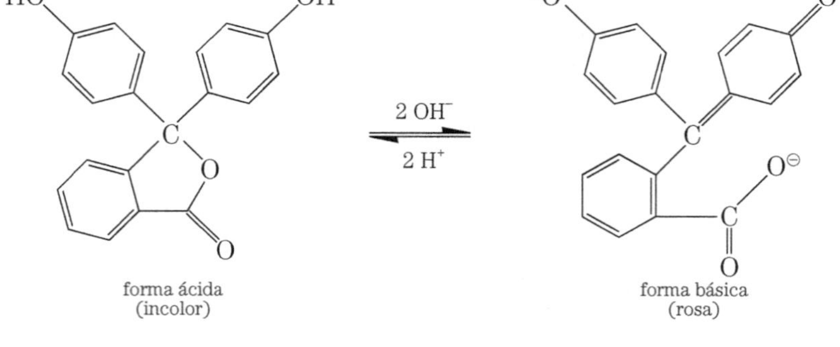

Opção 2 Síntese de aurina

1. Coloque cerca de 50 mg de ácido oxálico e 50 mg de fenol e três gotas de ácido sulfúrico concentrado em um tubo de ensaio seco.
2. Aqueça a mistura cuidadosamente e de forma intermitente, num bico de Bunsen, até que a massa fundida apresente uma coloração vermelho-alaranjada (cerca de 5 minutos).
3. Apague a chama do bico de Bunsen, deixe esfriar o tubo, adicione 2 mL de etanol e agite para dissolver o produto. Observe a cor da solução.
4. Transfira algumas gotas da solução obtida para um tubo de ensaio contendo 2 mL da solução de NaOH e observe a mudança de cor.

Observação: embora não seja utilizada como indicador, a aurina apresenta mudança de cor em função do pH. Ao contrário da fenolftaleína, tanto sua forma ácida como a forma básica são coloridas.

Opção 3 Síntese de fluoresceína

1. Coloque cerca de 50 mg de anidrido ftálico e 50 mg de resorcinol em um tubo de ensaio seco.
2. Aqueça a mistura cuidadosamente e de forma intermitente, num bico de Bunsen, até que a massa fundida se torne escura (cerca de 5 minutos).
3. Apague a chama do bico de Bunsen, deixe esfriar o tubo, adicione 2 mL de etanol e agite para dissolver o produto. Observe a cor da solução.
4. Transfira algumas gotas da solução obtida para um tubo de ensaio contendo 2 mL da solução de NaOH; observe a mudança de cor e o surgimento de uma fluorescência.

Observação: a forma básica da fluoresceína apresenta uma fluorescência característica.

Discussão

- Assinale o sistema de ligações duplas conjugadas nas formas ácida e básica de dois corantes à sua escolha.

Descarte de resíduos dos experimentos A-II

- Após diluição com bastante água, as soluções podem ser despejadas na pia.

PARTE B:
TINGIMENTO DE TECIDOS

Neste experimento estudaremos o processo de tingimento de diversos tecidos, utilizando vários corantes disponíveis no mercado.

Material e reagentes

- Banho-maria
- Termômetro
- Proveta de 50 mL
- Quatro béqueres de 50 mL
- Dois bastões de vidro
- Solução de carbonato de sódio (Na_2CO_3), 100 g/L
- Solução de sulfato de sódio (Na_2SO_4), 100 g/L
- Soluções dos seguintes corantes, preparadas antecipadamente: alizarina (dissolver 0,5 g de alizarina numa solução de 0,5 g de carbonato de sódio em 700 mL de água quente; filtrar a solução, se necessário); azul de metileno (1,0 g em 600 mL de água quente; filtrar se necessário); eosina (0,5 g em 700 mL de água quente; filtrar se necessário); vermelho-congo (1,0 g em 700 mL de água quente; adicionar 10 mL da solução de carbonato de sódio e 10 mL da solução de sulfato de sódio; filtrar se necessário)
- Tiras de diversos tipos de tecido branco lavados (algodão, linho, lã, seda, acetato, náilon, poliéster, misto etc.)

Procedimento

1. Corte três tipos de tecido em pedaços de aproximadamente 2 cm × 3 cm.
2. Escolha um dos corantes disponíveis.
3. Coloque cerca de 25 mL da solução do corante escolhido em um béquer de 50 mL e aqueça a solução em banho-maria a uma temperatura de 60 a 70 °C.
4. Mergulhe os tecidos na solução do corante, mantendo-a à temperatura de 60 a 70 °C durante 10 minutos. Mexa os tecidos de vez em quando com um bastão de vidro.
5. Retire os tecidos com ajuda de um bastão de vidro e lave-os abundantemente na água da torneira.
6. Estenda os tecidos numa superfície plana e compare o efeito de tingimento.

Discussão

- Sabendo que a água sanitária possui como ingrediente ativo o íon hipoclorito (ClO^-), o qual em meio básico reage com ligações duplas C=C, sugira uma razão pela qual a água sanitária é capaz de descolorir tecidos.

Descarte de resíduos do experimento B

- As soluções usadas de corantes podem ser guardadas em recipientes devidamente rotulados para posterior reutilização.
- Os tecidos tingidos, após secagem, podem ser guardados como documentos e inseridos no relatório.

BIBLIOGRAFIA

1. Eaton, D. C. *Laboratory Investigations in Organic Chemistry.* McGraw-Hill, 1989.
2. Williamson, K. L. *Macroscale and Microscale Organic Experiments.* D.C. Heath & Co., 1989.
3. Stick, R. V.; Mocerino, M.; Franz, D. A. *J. Chem. Educ.* 1996, 73, 540.

ROTEIRO 24

SÍNTESE DE COMPOSTOS INORGÂNICOS

OBJETIVO

- Realizar a síntese de compostos inorgânicos na forma de sólidos cristalinos a partir de metais.

LEITURA RECOMENDADA

Textos de Química Inorgânica: química do cobre, química do ferro e compostos de coordenação.

PARTE A:

SÍNTESE DE UM SAL HIDRATADO – SULFATO DE COBRE PENTA HIDRATADO, $CuSO_4 \cdot 5H_2O$ – A PARTIR DE COBRE METÁLICO
[duração: 60 a 90 min]

INTRODUÇÃO

O sulfato de cobre penta-hidratado é o composto de cobre produzido em maior escala. Suas principais aplicações são como fungicida na agricultura, algicida na manutenção de piscinas, aditivo micronutriente em fertilizantes químicos e rações animais e na eletrodeposição de cobre metálico para a confecção de placas de circuitos integrados, por exemplo.

Apresenta-se em forma de cristais azuis, sendo perfeitamente solúvel em água, pouco solúvel em metanol e praticamente insolúvel em etanol. Quando aquecido acima de 200 °C, perde a água, transformando-se em sulfato de cobre anidro ($CuSO_4$), que é incolor.

O sulfato de cobre é obtido em escala industrial a partir de cobre metálico e ácido sulfúrico, em presença de oxigênio e vapor d'água a 150 °C, conforme a equação:

$$2\ Cu + 2\ H_2SO_4 + O_2 + 8\ H_2O \longrightarrow 2\ CuSO_4 \cdot 5H_2O$$

No experimento seguinte sintetizaremos o sulfato de cobre penta-hidratado a partir de cobre metálico, ácido sulfúrico e peróxido de hidrogênio, conforme a seguinte equação:

$$Cu + H_2SO_4 + H_2O_2 + 3\ H_2O \longrightarrow CuSO_4 \cdot 5H_2O$$

PARTE EXPERIMENTAL

Material e reagentes

- Balança de laboratório
- Banho-maria
- Béqueres de 100 mL
- Funil
- Proveta de 25 mL
- Papel-filtro
- Tubos de ensaio
- Bico de Bunsen
- Pedaços de fio de cobre (cordão) ou limalha de cobre
- Ácido sulfúrico (H_2SO_4) diluído na proporção 1:10
- Solução de peróxido de hidrogênio (H_2O_2) diluído na proporção 1:2
- Etanol
- Gelo

Procedimento

1. Pese 1,0 g de fio fino de cobre ou limalha de cobre e coloque em um béquer de 100 mL.
2. Adicione 15 mL da solução de ácido sulfúrico e 10 mL da solução de peróxido de hidrogênio.
3. Aqueça a mistura em um banho-maria até dissolução completa do cobre (aproximadamente 25 minutos).
4. Retire a solução do banho-maria e deixe-a esfriar à temperatura ambiente.
5. Para obter o produto cristalizado, temos as seguintes opções:
   a) Adicionar à solução fria, sob agitação, 20 mL de etanol. Após 10 minutos, separa-se a solução sobrenadante por decantação, lava-se o produto sólido com 5 mL de uma mistura de água/etanol na proporção 1:1, retiram-se e secam-se os cristais entre folhas de papel-filtro.
   b) Adicionar 10 mL de etanol e colocar o béquer sobre gelo. Após alguns minutos, começam a se formar cristais azuis milimétricos no fundo do béquer. Após 30 min, separa-se a solução sobrenadante por decantação, lava-se o produto sólido com 5 mL de uma mistura de água/etanol na proporção 1:1, retiram-se e secam-se os cristais entre folhas de papel-filtro.

c) Guardar a solução em recipiente aberto durante alguns dias (até a próxima sessão de laboratório). Pela evaporação lenta da água, o sulfato de cobre penta-hidratado é obtido em forma de cristais azuis grandes triclínicos. Os cristais são separados, lavados com 5 mL de uma mistura de água/etanol na proporção 1:1 e secos sobre um papel-filtro.
6. Pese os cristais obtidos.
7. Aqueça uma pequena porção do produto em um tubo de ensaio seco posicionado horizontalmente na chama de um bico de Bunsen e observe a mudança.
8. Após esfriar o tubo completamente, acrescente algumas gotas de água e observe a mudança.

Descarte de resíduos

- As soluções de sulfato de cobre devem ser diluídas com bastante água e despejadas na pia.
- O sulfato de cobre cristalizado pode ser recolhido para posterior aproveitamento em outros experimentos.

Discussão

1. Qual é a função do peróxido de hidrogênio no processo realizado?
2. Calcule o rendimento percentual do produto obtido.
3. Interprete as mudanças observadas nos itens 7 e 8 e apresente a equação química correspondente.

PARTE B:
SÍNTESE DE UM SAL COMPLEXO – TRIOXALATOFERRATO(III) DE POTÁSSIO, $K_3[Fe(C_2O_4)_3]\cdot 3H_2O$, A PARTIR DE FERRO METÁLICO [duração: cerca de 2h]

INTRODUÇÃO

Muitos compostos inorgânicos pertencem à classe dos *complexos* ou *compostos de coordenação*. São aqueles em que um determinado número de ânions ou moléculas (ligantes) encontra-se intimamente associado ou coordenado a um cátion ou átomo metálico central. O número de ligantes coordenados a um átomo central (*número de coordenação*) varia normalmente de dois a oito, podendo, em alguns casos, chegar até doze. Os ligantes coordenam-se formando poliedros regulares, denominados *poliedros de coordenação*. Os números e poliedros de coordenação mais comuns são quatro, formando um tetraedro, e seis, formando um octaedro. Lembre-se de que o tetraedro possui quatro vértices e quatro faces triangulares equiláteras; o octaedro possui seis vértices e oito faces triangulares equiláteras.

tetraedro   octaedro

Apresentamos a seguir alguns exemplos de espécies complexas tetraédricas e octaédricas. Observe que elas podem ser catiônicas, aniônicas ou neutras, dependendo do somatório das cargas do cátion central e dos ligantes coordenados.

 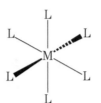

complexo tetraédrico   complexo octaédrico

- O cátion de ferro(II) coordena quatro ânions cloreto:

    $Fe^{2+} + 4\ Cl^- \longrightarrow [FeCl_4]^{2-}$
    ânion tetracloroferrato(II)

- O cátion de ferro(III) coordena seis ânions fluoreto:

    $Fe^{3+} + 6\ F^- \longrightarrow [FeF_6]^{3-}$
    ânion hexafluoroferrato(III)

- O cátion de ferro(II) coordena seis ânions cianeto:

    $Fe^{2+} + 6\ CN^- \longrightarrow [Fe(CN)_6]^{4-}$
    ânion hexacianoferrato(II)

- O cátion de cobalto(II) coordena seis moléculas de água:

    $Co^{2+} + 4\ H_2O \longrightarrow [Co(H_2O)_6]^{2+}$
    cátion hexaaquocobalto(II)

- O cátion de cobalto(III) coordena seis moléculas de amoníaco:

    $Co^{3+} + 6\ NH_3 \longrightarrow [Co(NH_3)_6]^{3+}$
    cátion hexamincobalto(III)

- O átomo de níquel coordena quatro moléculas de monóxido de carbono:

    $Ni + 4\ CO \longrightarrow [Ni(CO)_4]$
    molécula tetracarbonilníquel(0)

De um modo geral, os ligantes são espécies que possuem pares de elétrons disponíveis para formar a ligação com o átomo central. Na maioria dos ligantes, esses pares de elétrons encontram-se localizados em átomos mais eletronegativos, como halogênio, oxigênio, nitrogênio, enxofre ou fósforo:

água H₂O

H–Ö–M, H (estrutura da água coordenada)

amoníaco NH₃

H–N–M com dois H

ânion acetato

CH₃–C(=Ö)–Ö–M

ânion nitrito

:Ö=N–Ö–M   ou   :Ö=N(–M)–Ö:

Certos ligantes possuem dois ou mais centros com pares de elétrons disponíveis em posições adequadas. Esses ligantes são chamados de *ligantes bidentados* ou *multidentados*.

Alguns exemplos de ligantes bidentados:

ânion oxalato $(C_2O_4)^{2-}$

etilenodiamina: H₂N–CH₂–CH₂–NH₂

ânion glicinato: H₂N–CH₂–C(=O)–O⁻

Os compostos de coordenação contendo ligantes bidentados chamam-se *complexos quelatos*.

Alguns exemplos de complexos quelatos:

Complexo octaédrico $L_4M(C_2O_4)$, contendo quatro ligantes simples L e um ligante bidentado (oxalato).

Complexo octaédrico $L_4M(en)$ contendo quatro ligantes simples L e um ligante bidentado (etilenodiamina).

No experimento seguinte, sintetizaremos um oxalatocomplexo de ferro(III) a partir de ferro metálico. A sua produção se realiza em quatro etapas:

a) Dissolução de ferro metálico em ácido sulfúrico:

$$Fe + H_2SO_4 \longrightarrow FeSO_4 + H_2$$

b) Precipitação de oxalato de ferro(II):

$$FeSO_4 + H_2C_2O_4 + 2\ H_2O \longrightarrow FeC_2O_4 \cdot 2H_2O\downarrow + H_2SO_4$$

c) Oxidação do oxalato de ferro(II) com peróxido de hidrogênio, em presença de ácido oxálico e oxalato de potássio:

$$2\ FeC_2O_4 \cdot 2\ H_2O + 3\ K_2C_2O_4 + H_2C_2O_4 + H_2O_2 \longrightarrow 2\ K_3[Fe(C_2O_4)_3] + 6\ H_2O$$

d) Cristalização do produto.

PARTE EXPERIMENTAL

Material e reagentes

- Balança de laboratório
- Banho-maria
- Béqueres de 50 ou 100 mL
- Funil
- Proveta de 25 mL
- Papel-filtro
- Palha de aço ou limalha de ferro
- Ácido sulfúrico (H_2SO_4) diluído na proporção 1:20
- Oxalato de potássio mono-hidratado sólido ($K_2C_2O_4 \cdot H_2O$)
- Solução de amônia diluída na proporção 1:5
- Ácido oxálico diidratado sólido ($H_2C_2O_4 \cdot 2H_2O$)
- Solução de peróxido de hidrogênio (H_2O_2) diluída na proporção 1:2
- Etanol
- Gelo

Procedimento

1. Pese aproximadamente 0,3 g de palha de aço ou limalhas de ferro em um béquer de 50 mL.
2. Adicione 10 mL da solução de ácido sulfúrico e coloque o béquer sobre um banho-maria até dissolução completa do ferro (cerca de 15 min).
3. Dilua a solução obtida com água até um volume de 30 mL.
4. Adicione lentamente, e sob agitação, uma solução de 0,9 g de oxalato de potássio mono-hidratado em 10 mL de água.
5. Adicione lentamente, e sob agitação, a solução diluída de amônia (cerca de 10 mL) até o aparecimento de uma coloração verde.

6. Acrescente, lentamente e sob agitação, algumas pitadinhas de ácido oxálico sólido, até que o precipitado formado apresente uma coloração amarelo-clara (oxalato de ferro FeC_2O_4).
7. Filtre o produto obtido usando papel-filtro.
8. Lave o resíduo sobre o filtro com 10 mL de água.
9. Descarte o filtrado e transfira o resíduo sólido do filtro para um béquer de 50 mL com um jato de água, de tal maneira que o volume de água não ultrapasse 25 mL.
10. Aqueça a suspensão amarela sobre um banho-maria a 40-50 °C e adicione, em pequenas porções e sob agitação, 1,4 g de oxalato de potássio e 0,3 g de ácido oxálico. Finalmente, acrescente, sob agitação, 1 mL da solução de peróxido de hidrogênio. Deve resultar, após alguns instantes, uma solução verde-clara e transparente de trioxalatoferrato de potássio.
11. Em caso de formação de um precipitado marrom, acrescente sob agitação algumas pitadinhas de ácido oxálico sólido, até que resulte uma solução transparente.
12. Para obter o produto em forma cristalizada, temos três opções:

a) Acrescentar, sob agitação, 10 mL de etanol e deixar em repouso. Após alguns minutos, forma-se uma massa sólida composta por pequenos cristais verdes. Filtrar os cristais e secá-los entre folhas de papel-filtro.

b) Colocar a solução obtida sobre gelo. Após 15 a 20 minutos obtêm-se cristais verdes de tamanho milimétrico. Filtrar os cristais e secá-los entre folhas de papel-filtro.

c) Guardar a solução em recipiente aberto e protegido da luz durante alguns dias (até a próxima sessão de laboratório). Pela evaporação lenta da água, o oxalatoferrato de potássio é obtido em forma de cristais grandes monoclínicos de cor verde-esmeralda. Decantar o sobrenadante, separar os cristais e secá-los sobre papel-filtro.

Descarte de resíduos

- As sobras de soluções devem ser diluídas com bastante água e despejadas na pia.
- Os cristais obtidos podem ser guardados como lembrança em recipiente escuro, ou dissolvidos em água e despejadas na pia.

Discussão

1. Tente desenhar a estrutura tridimensional do ânion trioxalatoferrato $[Fe(C_2O_4)_3]^{3-}$ (complexo octaédrico).
2. Desenhe a estrutura tridimensional de um complexo octaédrico de composição ML_4(glic), onde L é um ligante monodentado e "glic" é o ânion glicinato.
3. Escreva os nomes dos seguintes complexos:

$[Ni(NH_3)_4]^{2+}$; $[Fe(H_2O)_6]^{3+}$; $[Ni(CN)_4]^{2-}$; $[CoCl_4]^{2-}$; $[Cr(C_2O_4)_3]^{3-}$.

BIBLIOGRAFIA

1. Walton, H. F. *Inorganic Preparations*. Englewood Cliffs: Prentice-Hall, 1948.
2. Booth, H. S. (Ed.). *Inorganic Syntheses*, V. 1. New York: MacGraw-Hill Book Company, 1939.
3. Woolins, D. *Inorganic Experiments*. Weinheim: VCH, 1994.

ROTEIRO 25

PIGMENTOS INORGÂNICOS

OBJETIVOS

- Sintetizar diversos pigmentos inorgânicos, por métodos semelhantes aos empregados industrialmente, utilizando reações de precipitação em meio aquoso.
- Conhecer algumas propriedades características dos pigmentos sintetizados.

INTRODUÇÃO

Pigmentos são substâncias sólidas, finamente dispersas e geralmente insolúveis nos mais diferentes meios, utilizadas para conferir aos materiais e objetos propriedades como cor, brilho, obscuridade, condutividade elétrica, propriedades magnéticas, resistência química, resistência à luz, efeitos luminosos.

Os pigmentos inorgânicos destacam-se pela sua elevada resistência química, térmica e mecânica. A maioria dos óxidos metálicos, por exemplo, resiste ao fogo e é utilizada em cerâmicas, vidros e esmaltes desde a Antiguidade. Originalmente, foram utilizados pigmentos inorgânicos de ocorrência natural, principalmente óxidos de ferro (limonita, hematita e magnetita), ou cinábrio (HgS). Atualmente, quase todos os pigmentos inorgânicos são produzidos industrialmente, gerando em torno de 10 bilhões de dólares por ano.

Mais da metade de todos os pigmentos inorgânicos produzidos mundialmente corresponde ao pigmento branco dióxido de titânio (TiO_2). Praticamente todas as tintas contêm pigmentos como componentes essenciais.

Pigmentos magnéticos são substâncias ferromagnéticas em forma de partículas microcristalinas. São componentes essenciais de fitas magnéticas (som, vídeo) e disquetes de computadores.

Alguns dos pigmentos inorgânicos mais importantes estão relacionados a seguir:

Pigmentos brancos: dióxido de titânio, principalmente rutilo, (TiO_2), sulfeto de zinco (ZnS), óxido de zinco (ZnO), sulfato de bário ($BaSO_4$).

Pigmentos amarelos: cromato de zinco ($ZnCrO_4$), cromato de chumbo ($PbCrO_4$), limonita (α-FeOOH), sulfeto de cádmio (CdS).

Pigmentos vermelhos: cromato de chumbo ($PbCrO_4$), seleneto de cádmio (CdSe), hematita (α-Fe_2O_3), zarcão (Pb_3O_4).

Pigmentos azuis: azul da prússia [$KFe_2(CN)_6$], azul de cobalto ($CoAl_2O_4$), ultramarino ($NaAl_6Si_6O_{24}S_3$), azul-de-manganês ($BaMnO_4$).

Pigmentos verdes: óxido de cromo (Cr_2O_3).

Pigmentos negros: magnetita (Fe_3O_4), dióxido de manganês (MnO_2), negro de fumo ou negro de carbono (C).

Pigmentos metálicos: alumínio, cobre, latão (liga cobre / zinco).

Pigmentos magnéticos: magnetita (Fe_3O_4), maghemita (γ-Fe_2O_3), ferro metálico, dióxido de cromo (CrO_2).

Pigmentos das mais variadas cores e tonalidades podem ser obtidos por simples mistura entre diversos pigmentos, sem que haja uma reação química entre eles.

LEITURA RECOMENDADA

Química Inorgânica: a química dos elementos bário, chumbo, cromo, ferro e zinco; nomenclatura inorgânica.

PARTE EXPERIMENTAL

PARTE A:
OBTENÇÃO DE ALGUNS PIGMENTOS POR PRECIPITAÇÃO EM MEIO AQUOSO [duração: aprox. 1 h]

Equipamento e material

- Quatro tubos de ensaio
- Pinça para tubos de ensaio
- Estante para tubos de ensaio

Reagentes

- Ácido sulfúrico (H$_2$SO$_4$) diluído na proporção 1:17
- Solução de cloreto de bário (BaCl$_2$), 20,8 g/L
- Solução de cromato de potássio (K$_2$CrO$_4$), 19,4 g/L
- Solução de nitrato de chumbo (Pb(NO$_3$)$_2$), 33,1 g/L
- Solução de molibdato de sódio (Na$_2$MoO$_4$·2H$_2$O), 24,2 g/L
- Solução de nitrato de ferro(III) (Fe(NO$_3$)$_3$·9H$_2$O), 40,4 g/L
- Solução de hexacianoferrato(II) de potássio (K$_4$[Fe(CN)$_6$]·3H$_2$O), 42,2 g/L

Procedimento geral para preparação dos pigmentos A-I a A-IV

1. Adicione 1 mL (vinte a vinte e cinco gotas) de água destilada em um tubo de ensaio.
2. Adicione a quantidade indicada do componente (a) ao tubo com água e depois, lentamente e com agitação, a quantidade indicada do componente (b).
3. Observe a precipitação do pigmento. Caso não ocorra precipitação imediata, aqueça a mistura durante alguns minutos em banho-maria (60-80 °C).
4. Observe e anote as cores dos pigmentos obtidos.

Parte A-I Pigmento branco, sulfato de bário (BaSO$_4$)

Reagentes: a) vinte gotas da solução de ácido sulfúrico
b) vinte e cinco gotas da solução de cloreto de bário

Parte A-II Pigmento amarelo, cromato de chumbo (PbCrO$_4$)

Reagentes: a) dez gotas da solução de cromato de potássio
b) quinze gotas da solução de nitrato de chumbo

Parte A-III Pigmento vermelho ou alaranjado, vermelho de molibdato [Pb(Cr,Mo)O$_4$]

Reagentes: a) oito gotas da solução de cromato de potássio mais duas gotas da solução de molibdato de sódio
b) quinze gotas da solução de nitrato de chumbo

Parte A-IV Pigmento azul, azul da prússia [KFe$_2$(CN)$_6$]

Reagentes: a) quinze gotas da solução de nitrato de ferro(III)
b) dez gotas da solução de hexacianoferrato(II) de potássio

Parte A-V Pigmento verde por mistura de pigmentos amarelos e azuis

- Adicione a suspensão do pigmento azul (A-IV) em pequenas porções a uma suspensão do pigmento amarelo (A-II), até obter uma mistura de cor verde. Nesse caso, não ocorre uma reação química; trata-se apenas de uma mistura física.

Descarte de resíduos

- Os diversos pigmentos produzidos contendo chumbo, bário ou cromo devem ser depositados em recipiente específico para coleta de resíduos inorgânicos sólidos.

Discussão

1. Apresente as equações químicas correspondentes às reações realizadas.
2. Tente explicar a origem das cores das substâncias.
3. Por que nem todas as substâncias coloridas servem como pigmentos?
4. Pesquise sobre a toxicidade aguda e crônica dos elementos bário, cromo, chumbo e de seus compostos.

PARTE B:
PREPARAÇÃO DE UM PIGMENTO MAGNÉTICO: MAGNETITA Fe_3O_4
[duração: aprox. 30 min]

A magnetita (Fe_3O_4) contém ferro(II) e ferro(III) na proporção estequiométrica 1:2 e pode ser mais bem representada pela fórmula $Fe^{II}Fe^{III}_2O_4$. Para sintetizar a magnetita, precisamos de matérias-primas que forneçam Fe^{II} (por exemplo, $FeSO_4$) e Fe^{III}, (por exemplo, $FeNH_4(SO_4)_2$), na proporção estequiométrica 1:2. Em meio básico, precipitam-se simultaneamente os hidróxidos $Fe(OH)_2$ e $Fe(OH)_3$ em estado amorfo, que se transformam espontaneamente em Fe_3O_4 microcristalino. A propriedade ferromagnética do produto pode ser verificada facilmente mediante um ímã.

Material e equipamento

- Tubos de ensaio
- Estante para tubos de ensaio
- Proveta de 10 mL
- Papel de filtro
- Funil
- Imã
- Banho-maria
- Estufa

Reagentes

- Solução a (recém-preparada): 2,4 g de $FeNH_4(SO_4)_2 \cdot 12H_2O$ em 50 mL de água
- Solução b (recém-preparada): 1,2 g de $FeSO_4 \cdot 7H_2O$ em 50 mL de água
- Solução c: 8 mL de amônia concentrada em 100 mL de água
- Etanol

Procedimento

1. Coloque 2 mL da solução a e 2 mL da solução b num tubo de ensaio.
2. Misturando bem, adicione rapidamente 10 mL da solução c.
3. Aqueça o tubo em banho-maria (de 80 a 90 °C) durante 5 minutos.
4. Aproxime um ímã pela lateral do tubo e observe o comportamento das partículas de magnetita.
5. Decante o precipitado com a ajuda de um ímã e descarte o sobrenadante.
6. Adicione cerca de 5 mL de água, agite a mistura e filtre-a rapidamente a vácuo.
7. Ao terminar a filtração, lave o resíduo sobre o filtro com cerca de 10 mL de etanol.
8. Seque o resíduo sobre o papel em uma estufa a 110 °C.
9. Verifique a propriedade ferromagnética do produto seco, aproximando um ímã por baixo do papel.
10. A magnetita obtida pode ser guardada como lembrança.

Descarte de resíduos

- Os resíduos sólidos (magnetita e papel-filtro) devem ser depositados na lata de lixo.
- As soluções utilizadas, após diluição com água, podem ser despejadas na pia.

Discussão

1. Quais são os íons presentes nas soluções (a), (b) e (c)?
2. Apresente as equações químicas correspondentes às duas etapas que levam à obtenção da magnetita.
3. Cite outras substâncias ferromagnéticas.
4. Tente explicar a origem do magnetismo das substâncias.

BIBLIOGRAFIA

- Büchner, W.; Schliebs, R.; Winter, G.; Büchel, K. H. *Industrial Inorganic Chemistry*. Weinheim: VCH, 1988.

Anexo 1

Concentração de algumas soluções "concentradas" disponíveis comercialmente:

Solução	Densidade (g/mL)	Concentrações Indicada (%)*	(g/L)	(mol/L)
Ácido acético "glacial"	1,05	96–100 % CH_3COOH	1.010–1.050	16,8–17,5
Ácido clorídrico "concentrado"	1,18	35–36 % HCl	413–425	11,3–11,6
Ácido nítrico "concentrado"	1,40	65 % HNO_3	910	14,4
Ácido sulfúrico "concentrado"	1,84	95–98 % H_2SO_4	1.750–1.800	17,8–18,4
Amônia concentrada (ou comercialmente "Hidróxido de amônio concentrado")	0,90	26–28 % NH_3	234–252	13,8–14,8
Peróxido de hidrogênio "concentrado"	1,11	30% H_2O_2	333	9,8

* A porcentagem indicada corresponde à massa do soluto por massa da solução.